数据分析与决策
技术丛书

编程菜鸟学
Python
数据分析

纪贺元 著

机械工业出版社
CHINA MACHINE PRESS

图书在版编目（CIP）数据

编程菜鸟学 Python 数据分析 / 纪贺元著 . —北京：机械工业出版社，2024.4
（数据分析与决策技术丛书）
ISBN 978-7-111-74661-4

I. ①编⋯　II. ①纪⋯　III. ①软件工具—程序设计　IV. ① TP311.561

中国国家版本馆 CIP 数据核字（2024）第 028186 号

机械工业出版社（北京市百万庄大街 22 号　邮政编码 100037）
策划编辑：杨福川　　　　　责任编辑：杨福川
责任校对：郑　婕　张　薇　责任印制：常天培
北京铭成印刷有限公司印刷
2024 年 4 月第 1 版第 1 次印刷
186mm×240mm · 15.75 印张 · 264 千字
标准书号：ISBN 978-7-111-74661-4
定价：89.00 元

电话服务　　　　　　　　　网络服务
客服电话：010-88361066　　机 工 官 网：www.cmpbook.com
　　　　　010-88379833　　机 工 官 博：weibo.com/cmp1952
　　　　　010-68326294　　金 书 网：www.golden-book.com
封底无防伪标均为盗版　　机工教育服务网：www.cmpedu.com

为什么要写这本书

我在培训行业耕耘了 10 多年，作为专门培训数据分析技术的老师，我多年来一直很关注数据方面的相关书籍，可以说市面上绝大多数与数据分析相关的书我都看过，但发现现在市面上从编程"菜鸟"视角出发讲解 Python 数据分析的书比较少。

通过这么多年从事数据业务的培训和咨询，我对"菜鸟"读者的实际需求有了深入的了解，对他们的学习心态、知识储备、难点和痛点都心中有数。比如，不少刚刚上手 Python 编程的开发人员很关心 Python 的脚本是如何编译成 .exe 可执行文件的，虽然他们自己可以通过相关软件完成编译执行，但是他们的客户多数不会安装编译软件及搭建编程环境。再比如，"菜鸟"读者往往容易对枯燥的程序调试过程感到厌烦和恐惧，但是程序调试在编程中的重要性不言而喻。在刚刚上手写 Python 脚本的时候，开发人员往往遇到程序错误就不知所措，而合理使用程序调试则可以帮他们更快地找到问题。程序调试不仅对诊断程序错误的作用巨大，在帮助开发人员阅读 Python 脚本方面的作用也很明显。对于编程"菜鸟"来说，Python 的对象以及对象中的属性和方法，都是比较晦涩难懂的，如果他们能熟练掌握程序调试技巧，大部分的 Python 脚本都会变得更加简单易懂。

针对以上需求，我撰写了本书。简而言之，这是一本专门写给编程"菜鸟"的 Python 数据分析书，无论是结构编排、内容组织还是语言风格，都针对这部分读者的实际需求来安排。

读者对象

本书的读者对象如下。

- ❑ Python 数据分析应用的初学者。这部分读者通过本书可以快速掌握 Python 数据分析的各项基础技能，从而有效应对 Python 数据分析的实际工作。
- ❑ Python 编程的初学者和爱好者。这部分读者通过本书不仅可以掌握 Python 的基础知识，实现 Python 编程入门，还可以结合 Python 在数据分析领域的应用案例，提高 Python 编程实践水平。
- ❑ Python 数据分析的培训老师和学员。本书脱胎于作者的一线培训经验，适合广大培训机构的老师和学员使用。
- ❑ Python 编程的中级开发者。这部分读者可以通过本书进一步丰富 Python 编程经验，掌握 Python 编程的实际应用。
- ❑ 大学应届毕业生。这部分读者可以通过本书入门 Python，获得贴近真实工作场景的实践，增强面试优势。

本书的编排特色

本书的编排特色如下。

- ❑ 本书针对编程"菜鸟"的学习特点进行章节设计。例如，第 2 章详细介绍了 Python 的工作环境、Python 的两种解释器以及如何编译成 .exe 可执行文件，第 3 章详细介绍了 Python 的编程基础知识，第 4 章深度剖析了程序调试（debug）。我深知如果编程"菜鸟"没有掌握这些内容，很难上手写 Python 脚本。
- ❑ 本书尽可能多地介绍 Python 在实际工作中的应用场景。例如，在数据结构部分，我特别强调字典这一数据结构在大数据分析和去重统计中的应用，同时强调集合这一数据结构在数据比对（差集）中的应用。本书通过实际应用场景介绍 Python 功能的例子还有很多，这种撰写方法能够较好地将 Python 的功能点和实际应用场景相结合，便于读者尤其是编程初学者快速掌握本书的内容。
- ❑ 本书添加了大量可实操的数据分析方法与模型。例如，第 10 ～ 14 章介绍了各种不同的重要而经典的数据分析模型；即使是总览数据分析方法的第 9 章也保证了所介绍的定量型数据分析方法是可实操的。

❑ 第 15 章提供了多个爬虫爬取数据的实例，更能满足 Python 编程"菜鸟"的需求。

另外，为了降低读者的学习门槛和成本，本书尽量压缩了文字的篇幅，不讲无用的理论，只讲能够帮助读者实践的干货知识。同时，本书提供了大量可以直接使用的代码以及直观的图表，以帮助读者更轻松地掌握所学知识。

如何阅读本书

本书分为两篇，主要内容如下。

Python 基础篇（第 1 ～ 7 章）：主要介绍了 Python 的工作环境、编程基础、Excel 数据文件的操作、pandas 数据包的应用等。对于 Python 初学者，这部分内容是必学的。学完这部分内容，读者不仅可以快速掌握 Python 编程基础，还能快速入门数据分析操作，从而应对大部分初级的 Python 数据分析类工作。

Python 数据分析高级篇（第 8 ～ 15 章）：着重介绍了 Python 在诸多数据分析模型中的应用，包括数据预处理、相关与回归、分类、决策树、关联分析、降维等重要且经典的数据模型，还介绍了爬虫的诸多实践案例。有一定 Python 数据分析应用经验的读者，可以直接从这部分开始阅读。通过学习这部分内容，读者可以快速掌握 Python 数据分析的各种高级技法，从而成长为中高级数据分析人员。

勘误和支持

由于作者的水平有限，编写时间仓促，书中难免会出现一些错误或者不准确的地方，恳请读者批评指正。如果读者有更多的宝贵意见，欢迎发送邮件至邮箱 2050376450@qq.com，期待得到读者的真挚反馈。

本书配套资源可以从作者的微信公众号"Excel 及数据分析"（微信号：data_analysis72）上下载。进入公众号后，在对话框中输入数字"18018"即可以得到相应源文件的下载链接。

致谢

首先，感谢阅读本书的读者，你们是我撰写本书的动力，也是激励我不断前行的动力。

其次，感谢在撰写本书过程中为我提供帮助的所有朋友。

最后，感谢我的家人，是家人承担起繁重而琐碎的家务，让我能专心投入到写作中，他们时时刻刻都给予我信心和力量！

Contents 目　　录

前　言

Python 基础篇

Python 数据分析高级篇

Python 基础篇

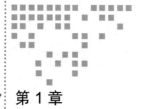

Chapter 1 第 1 章

学习 Python 的优势

自计算机问世以来，世界上诞生了几百种高级编程语言，Python 只是其中之一，那么，在已有 Java、VB、C、C++ 等著名高级编程语言的背景下，我们为什么还要学习 Python 呢？Python 相对于其他高级编程语言有什么优势？这是本章要阐述的内容。

1.1　Python 的特色

对于熟悉高级语言编程的人来说，Python 可能并不是一个"规范"的语言。以变量定义为例，在一般的高级语言中，变量是需要预先定义的，例如：a 是数据类型的变量，a 的赋值为 4；b 是字符串型的变量，b 的赋值为"Python"；c 是日期型变量，c 的赋值为"2020/1/11"等。以 VBA 编程语言为例，在如下代码中，变量 a、b、c 在 VBA 代码中分别被定义为整数型、字符串型和日期型变量。

```
Dim a As Integer
Dim b As String
Dim c As Date
a = 4
```

```
b = "python"
c = "2020/1/11"
MsgBox a & " " & b & " " & c
```

但是在 Python 代码中，变量是不需要预先定义的，示例代码如下（见本书配套的代码 1-1.py）：

```
from datetime import datetime
a=datetime(2020,3,11)
b=4
c='Python'
print(a,b,c)
```

> **注意**　本书中介绍的代码后注明了在本书配套的代码中该代码的编号。另外，为方便起见，本书配套的代码在本书中采用了简化的表达方式，例如，本书配套的代码中的 "1-1xxxx.py"，在本书中则简称为 "代码 1-1"。

从上述代码可以看出 a、b、c 变量并没有定义，而是直接赋值。

上面只是以变量定义为例说明了 Python 的一个特点，下面系统介绍 Python 的一些特点。

1.1.1　代码简单易懂

笔者在上 Python 培训课时，经常跟学员强调英语的重要性，如果开发人员的英语水平比较高，那么 Python 的代码是很容易看懂的，因为它基本上就相当于一篇英语小短文，示例如下：

```
dir=sys.path[0] + '\ 练习题 '
fq=open('out.txt','w',encoding='utf-8') # 打开文件，写权限
for wjm in os.listdir(dir):
  os.chdir(dir)
  wk=load_workbook(filename=wjm)
  gzb= wk.sheetnames
  for x in range(len(gzb)):
    sheet1=wk[gzb[x]]
```

```
    print(wjm+'    '+sheet1.title)
    for i in range(1,sheet1.max_row+1):
      chuan=''
      for j in range(1,sheet1.max_column+1):
        chuan='%s%s%s' % (chuan, ',', sheet1.cell(row=i,column=j).value)
      chuan=chuan[1:]# 获得从第二个字符串开始到末尾的字符串
      fq.write(chuan+'\r\n')
fq.close
print('it is over')
```

对于上述代码，即使没有编程经验，看懂其大意也不是很难。其中的一些关键字，如 open、load_workbook、for、range、sheetnames 等，基本都可以望文生义。

Python 代码比较简单快捷的另一个方面是对循环结构的简化。仍然以 VBA 为例，以下是一个 VBA 中的循环代码：

```
For i = 1 To 10
  MsgBox i
Next
```

可以看出，在 VBA 中，循环体在关键字 For 和 Next 之间，也就是说，一个循环语句以 Next 作为循环的结束标志。对于多重循环，需要使用多个 Next 来终结。如下为内外两层循环的示例：

```
For i = 1 To 10
  For j = 1 To 10
    MsgBox i & " " & j
  Next
Next
```

从上面的代码可以看出，VBA 中的多重循环涉及 For…Next 语句的嵌套，而 Python 中则无须如此，见如下代码（见本书配套的代码 1-2）：

```
for i in range(1,10):
  for j in range(1,10):
    print(i,j)
```

从上述代码可以看出，Python 中的多重循环要比 VBA 中的简洁很多。

1.1.2　包罗万象的 Python 包

对 Python 略有了解的人都知道，Python 的最大特点就是它有无数个"包"（package，也称为库文件），那么什么是包呢？关于 Python 的包并没有一个官方的定义，可大致表述为：包是一个程序块的集合，可以实现一个相对独立的功能。

例如，我们要实现以下功能。

1）在指定的 Excel 文件中新增一个工作表，新增的工作表是该工作簿的最后一个工作表。

2）将该工作簿中指定工作表的内容复制到最后一个工作表中。

3）在最后一个工作表中，对 A ～ D 列的内容进行排序，以 A 列作为排序依据，并按照数字大小进行排序。

4）最后返回 B 列数据的中位数和数据个数。

在 Python 包的机制下，假如有人编写了程序段来实现上述功能，并且经过了严格的测试，提交到相应的平台上审核通过后，就可以形成一个程序包，并且该包会放到 Python 官网上供其他人下载使用。

所以，有了包这个共享机制，很多事情我们都不用自己做，只需要去 Python 官网上搜索相应的包并调用即可，这就极大地方便了我们的工作。

再举一个生活中的例子进行类比。除了少数汽车行业的人之外，绝大多数司机并不懂汽车发动机和变速箱的原理，但是这并不会影响我们开车，因为汽车制造商把发动机和变速箱都封装起来了，司机只需要进行一些简单的操作就可以驾驶汽车。

Python 包的官网地址是 pypi.Python.org，图 1-1 所示是 Python 包的官网界面。

图 1-1　Python 包的官网界面

以数据分析包 pandas 为例，在图 1-1 所示的界面搜索栏中输入 pandas 并单击搜索图标，图 1-2 所示是在 Python 官网中搜索 pandas 得到的结果。

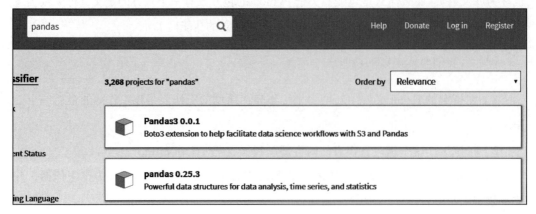

图 1-2　在 Python 官网中搜索 pandas 的结果

据 Python 官网介绍，Python 目前有 40 多万个包可供下载使用，这是一个庞大的包罗万象的包的集合。

1.1.3　超高的知名度和广泛的应用面

学习 Python 的一个巨大好处是 Python 是一个通用平台，这与 Python 平台的开放性和共享机制有关。Python 在办公自动化、数据分析和挖掘、机器学习、人工智能等方面具有巨大的优势，对行业的覆盖面也很宽，从快消到金融、制造、政府部门等，Python 都有其用武之地。

据笔者在培训和咨询中得到的消息，近年来 Python 的崛起对一些传统的数据分析软件（如 MATLAB、SAS、SPSS 等）构成了严重的威胁。相对于 Python 而言，这些软件收费高，而且有部分软件每年还要收取维护费用，而 Python 是开源、免费的，后续也不涉及维护费用。

免费且功能强大，使得 Python 获得了超高的知名度，现在有不少企业，尤其是金融企业，都希望员工能够掌握和运用 Python 语言。

1.2　学习 Python 的收获

虽然相对于 Excel 软件的学习来说，Python 的学习过程要困难一些，但是学习 Python 的收获也是相当大的，这包括如下几个重要方面。

1.2.1　工作效率的提升

现在很多企业的数据量越来越大，而且其员工所做的重复性劳动也越来越多。以金融行业为例，据笔者所知，一个比较标准的工作流程如下。

1）下午 3 点股市收盘，证券公司的员工 4 点左右下班。

2）第二天早上 7 点左右，员工到公司，下载前一天股市的数据并且进行分析处理，其中包括股票、期货、基金、外汇等方面的数据。

3）员工通过相关的数据分析处理形成结论。

4）员工制作用于工作汇报的 PPT。

5）员工 8 点左右开晨会。

如果这样的工作流程日复一日地进行，确实效率低下，如果学会了 Python 编程，可以将以上流程用代码实现。这样员工每天上班之后运行 Python 代码即可，不需要每次都手工操作了。所以说，Python 可以极大地提高工作效率，使标准化的、重复的工作流程变得简单高效。

除了常见的 Excel 文件之外，Python 还可以操作 Text、Word、PPT、Access、PDF 以及各种数据库文件，这同样能大大提高我们的工作效率。

1.2.2　工作能力的增强

Python 是一种数据分析语言，从某种意义上讲，也是一个人类智慧集大成的工具。据笔者所知，Python 官网上有一些可以实现人脸识别功能的包，应用这些包就可以完成一些比较基本的人脸识别需求。如果编码能力比较强，还可以解读这些人脸识别包的源代码并且对其进行改进。简单地讲，掌握了 Python，就相当于掌握了大量的技能，包括数据分析和挖掘、机器学习等。

1.2.3　职场竞争力的提高

现在的职场竞争非常激烈，不但 35 岁以上的人群经常对职业前途表示忧虑，而且年轻人也经常担心自己是否有足够的职场竞争力。在大数据时代，各个企业机构所产生的数据越来越多，对于数据处理分析的需求也越来越多。而掌握了 Python 语言，就能在编程能力、统计挖掘方面获得很大的提升，这对提高职场竞争力有很大的帮助。

1.3　如何高效地学习 Python

在了解了 Python 对我们的帮助之后，下面谈谈如何更好地学习 Python。这些经验是笔者在长期的培训和咨询过程中通过接触大量的学员而总结出来的，特别适用于刚开始接触编程工作的人群。

1.3.1　打好编程基础

万丈高楼平地起，编程基础还是很重要的。各种变量的定义以及作用范围、各种循环结构、程序调试技巧等都是编程的基础，再复杂的代码也是根据这些基本的规则编写而成的。根据笔者的经验，部分学员在刚接触编程基础知识时往往觉得挺容易，但是只要内容稍微深入一点，就觉得吃力了，导致这种现象出现的主要原因还是其基础不够扎实。笔者在培训授课时就经常提到，不要轻视现在讲的基础知识，这是在为以后的进阶打基础，基础打好了，以后才能快速进步。

1.3.2　多"攒"代码

笔者还经常碰到学员问这样的问题："Python 代码根本记不住啊！面对空白的代码窗口，根本不知道如何输入代码！"对于此类问题，有两个应对方法：一是熟能生巧，代码写多了自然就熟练了；二是要"攒"代码，就是把测试成功的代码保存到一个 Word 文件中（其他的记录方式当然也可以），并打上合适的标签，需要用的时候再查找、复制即可。

下面是笔者积累的一些代码示例。

for 循环语句：

```
for i in range(1,sheet1.nrows):
print i
```

打开 Excel 文件：

```
wk=xlrd.open_workbook('1.xls')
fq=open('out.txt','w')  # 打开文件，写权限
sheet1=wk.sheets()[0]  # 第一个工作表
```

列出文件夹下的所有文件：

```
import os
dir="E:\\jtr\\try"
for filename in os.listdir(dir):
print filename
```

1.3.3 精通代码调试

代码调试是 Python 编程的核心。虽然在百度上可以找到很多 Python 代码，但是当程序出错时，特别是出现了逻辑方面的错误（即代码可以运行，但是结果有偏差）时，往往很难通过百度查到出错原因，只能靠自己摸索解决方案，不断积累经验。

一个编程高手必定是一个代码调试高手，或者说一个人的编程水平很大程度上可以从其查找程序出错的原因并且给出解决方案的能力上来判断。

一般情况下，Python 代码是顺序执行的。例如，一段 Python 代码有 300 行，当程序执行时，这 300 行代码是按照语句的先后次序执行的。如果代码没有错误，300 行代码就一次性执行完毕。如果代码中有错误，初学者由于经验不足，往往很难快速判断并找到程序的错误加以纠正。这时我们经常采用"单步调试"的方式，即一次只执行一条语句，编程者通过跟踪程序的执行状态和程序变量的中间结果来研判程序语句的正确与否。在单步调试的状态下判断和查找错误要比一次性执行程序容易得多。

根据笔者的不完全统计，大概有 90% 的 Python 代码可以通过单步调试的方式进行解读，只有少数代码由于调用了比较复杂的包，较难理解，也很难被单步跟踪。

1.3.4 面向实际工作场景

Python 涉及的内容极其广泛和复杂，要想完整地学习和掌握 Python 是很难的。实际上，笔者更愿意把 Python 理解成一个平台而不是一门高级语言。Python 就像苹果手机的 iOS 系统或者华为手机的 Android 系统，在底层系统上可以衍生出丰富多彩、千变万化的应用。同样，在 Python 平台上也有着海量的应用。因此，在学习 Python 时，笔者建议不要贪多。对于大部分初学者而言，最重要的是把自己工作的应用场景梳理清楚，并且能够熟练地使用 Python 将工作流程用编码的方式实现。

不追求大而全，把手头的工作深入地搞明白，在笔者看来这是最简洁高效地学习 Python 的方法。到目前为止，笔者还没碰到任何一个对 Python 的各种模块均非常精通的人，或许以后也不会碰到。

第 2 章　*Chapter 2*

Python 的工作环境

在学习 Python 之前，先介绍 Python 的工作环境，从目前流行的配置来看，Python 的工作环境主要由三个部件构成：Python 软件、Anaconda 和 IDE。

Python 软件是 Python 的核心部件，只有安装了 Python 软件，我们才能使用 Python。Anaconda 是一个 Python 包的集合软件，安装了 Anaconda 软件，就相当于一次性安装了几百个常用的 Python 包（库文件）。IDE 是编程的工具软件，我们写代码、调试代码都是在 IDE 中完成的。

2.1　Python 工作环境的构成

2.1.1　核心的 Python 软件

Python 软件是 Python 官网提供的核心部件，可以在 www.Python.org 上下载。图 2-1 所示是 Python 工作环境中的软件列表，其中包含 Python 工作环境中需要安装的 Python、Anaconda、PyCharm 等可执行安装文件。

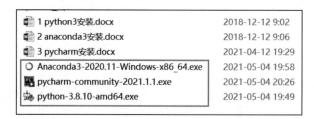

图 2-1　Python 工作环境中的软件列表

Python 的版本在不断更新，从最初的 2.x 版本到现在的 3.x 版本，对于不同操作系统（包括 Mac、Linux、Windows 操作系统等），Python 也有不同的软件版本与之对应，并且用于 Windows 操作系统的 Python 有 32 位和 64 位之分。

2.1.2　Anaconda

Anaconda 是一个由第三方软件公司开发的 Python 包的集合，里面包括了绝大多数常用的包。安装 Anaconda 之后，大部分 Python 用户就不用再安装其他的包了。除了这几百个包以外，Anaconda 还包括两个 IDE 工具，即 Jupyter Notebook 和 Spyder。图 2-2 所示是 Anaconda 中的 IDE 工具。

图 2-2　Anaconda 中的 IDE 工具

单击图 2-2 中的 Anaconda Prompt，会看到如图 2-3 所示的 Anaconda Prompt 界面及 Anaconda 环境中的包。

在 Anaconda Prompt 界面的命令提示符之后键入 conda list 命令，则会输出 Anaconda 中包含的 Python 包。其中第一列是包的名字，第二列是包的版本号，第三列是安装渠道。

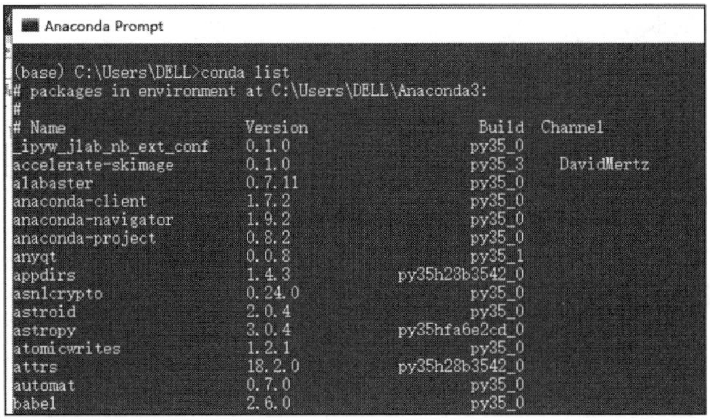

图 2-3　Anaconda Prompt 界面及 Anaconda 环境中的包

相信大家在使用 Python 的过程中会逐步意识到 Python 包版本的重要性，因为有不少棘手的问题都是因为包的版本不兼容造成的。

2.1.3　IDE

IDE 是 Integrated Development Environment（集成开发环境）的缩写。它是一种编程软件，集成了编程开发中的一些基本工具、基本环境和其他辅助功能。IDE 一般包含三个主要组件，即源代码编辑器、编译器（Compiler）解释器（Interpreter）和调试器（Debugger）。

开发人员可以通过图形用户界面（GUI）访问 IDE 组件并且实现代码编译、调试和执行的整个过程。IDE 也提供了帮助程序员提高开发效率的其他高级辅助功能，比如代码高亮显示、代码补全提示、语法错误提示、函数追踪、断点调试等。

适用于 Python 的 IDE 有多种，包括 PyCharm、Jupyter Notebook、Spyder 等。各个 IDE 的功能大同小异，开发者可根据自己的使用习惯选择不同的 IDE。相关报道称，PyCharm 软件的市场占有率目前排名第一。而笔者也比较偏向 PyCharm，主要原因如下。

1）PyCharm 提供了社区版和专业版，其中社区版软件免费，专业版收费。对于一般的使用者来说，PyCharm 社区版就基本够用了。社区版免费对于笔者的业务来说非常重要，因为客户通常不接受盗版软件，一般也不愿意付额外的钱购买软件，PyCharm 社区版正好符合他们的需求。

2）PyCharm 的程序调试功能比较强，这也非常符合笔者的需求。笔者认为程序调试是编程人员最重要的能力之一。

2.2 安装过程中的常见问题

下面是两个在软件安装的过程中比较典型的问题。

1）为什么要安装 Anaconda，它与 Python 软件有何关系？

Python 软件是 Python 工作环境的核心部件，而 Anaconda 是一个 Python 包的集合，安装 Anaconda 是为了让 Python 的应用更方便一些。Python 和 Anaconda 之间是相互独立的关系，即使没有 Anaconda，Python 照样可以运行。但是没有 Python 软件，则无法运行 Python。

Anaconda 软件比较大，安装后大概占据 400MB 以上的硬盘空间，有的开发者的设备内存较小，运行速度本来就比较慢，会担心电脑在安装了 Anaconda 之后变得更慢，于是想知道 Anaconda 是否可以不装。答案是可以不装。但是如果不装 Anaconda，在代码运行的时候就需要自行安装所需的 Python 包，这个过程会比较烦琐。

2）选择什么 IDE 比较好？

IDE 的选择没有一定之规，使用者按照自己的习惯确定即可。笔者已经习惯了 PyCharm，同时，笔者认为对于初学者来说，无论是在解释器配置方面，还是在代码调试方面，PyCharm 都比较合适。

2.3 Python 的两种解释器

Python 可以配置两种解释器，一是 Python 本身的解释器，二是 Anaconda 的解释器，两种解释器的应用场景有所不同。

　　为了配置 Python 的解释器，首先需要在计算机上查找 Python 和 Anaconda 的安装路径。笔者计算机的操作系统是 Win10（Windows 10），单击屏幕左下角的视窗图标，输入"cmd"，即可以得到匹配成功的 DOS 命令符。图 2-4 所示是 Win10 操作系统中的 DOS 命令提示符。

　　单击"命令提示符"，图 2-5 所示是 Windows 操作系统中的命令提示符窗口。

 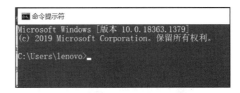

图 2-4　Win10 操作系统中的 DOS 命令提示符　　　图 2-5　Windows 操作系统中的命令提示符窗口

　　在命令提示符后键入命令 pip list，即可显示 Python 解释器中已经安装的包，图 2-6 所示是 Python 解释器中安装的包的相关情况。

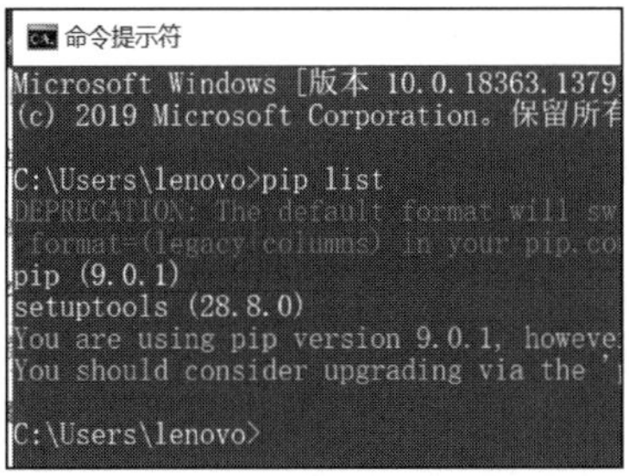

图 2-6　Python 解释器中安装的包的相关情况

　　可以看到，在 Python 的解释器中只有两个包，分别是 pip 和 setuptools，而 Python 编程中需要使用的大部分包都没有，需要我们自己安装。如果我们手动地逐一安装这些包，就会比较麻烦，这就是大部分人选择安装 Anaconda 的原因。

　　在输入 pip list 命令时，系统有可能会提示命令没法执行，这是因为在系统的 Path 中

没有配置 Python 的路径，因此在配置 Python 的 Path 之前，先介绍一下如何查找 Python
和 Anaconda 的安装路径。

以 Win 10 操作系统为例。

1）单击屏幕左下角的视窗按钮，输入"Python"进行搜索。图 2-7 所示是在 Win 10
操作系统中搜索 Python 的结果。

2）右击图 2-7 所示界面中"最佳匹配"下的"Python 3.6(64-bit)"，然后在弹出的快
捷菜单中选择"打开文件位置"，如图 2-8 所示。

图 2-7　Win10 操作系统中搜索 Python 的结果

图 2-8　打开文件快捷方式的文件位置

3）在随后出现的图 2-9 所示的界面中找到 Python 快捷方式的位置，这里有多个
Anaconda 安装路径中的快捷方式。

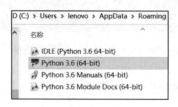

图 2-9　Anaconda 安装路径中的多个 Python 快捷方式

4）右击图 2-9 所示的快捷方式，在随后弹出的图 2-10 所示的菜单中单击"属性"
选项。

图 2-10　在弹出菜单中单击"属性"选项

5）在出现的图 2-11 所示的界面中可以找到 Python 的安装路径。

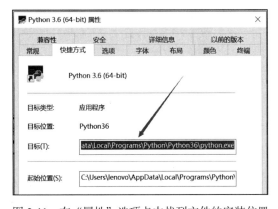

图 2-11　在"属性"选项卡中找到文件的安装位置

6）复制图 2-11 所示界面中"目标"一项对应的路径，并将其粘贴到文件管理器的地址栏中，则会看到图 2-12 所示的 Anaconda 在计算机中的安装位置。

在图 2-12 中所示的安装目录下即可找到 python.exe 可执行文件。

在得到 Python 的安装路径之后，即可以配置系统的 Path，具体步骤如下。

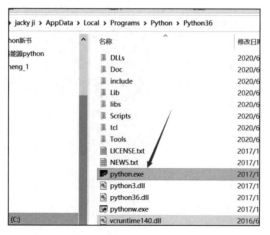

图 2-12　Anaconda 在计算机中的安装位置

1）右击屏幕上的"此电脑"图标，然后在弹出的图 2-13 所示的快捷菜单上单击"属性"。

图 2-13　右击"此电脑"并单击"属性"

2）如图 2-14 所示，查看有关计算机的基本信息，然后单击"更改设置"按钮。

3）单击"更改设置"后，如图 2-15 所示，在"系统属性"界面中单击"高级"标签。

4）在出现的图 2-16 所示的界面中单击"环境变量 (N)..."按钮。

5）在弹出的图 2-17 所示的界面的"系统变量 (S)"选项框中选择 Path 选项，然后单击"编辑"按钮。

6）进入图 2-18 所示的 Path 界面后，单击"新建"按钮以创建新的环境变量。然后将之前查找到的 Python 的安装路径和该安装路径之下的 scripts 路径添加到新建路径下面。图 2-19 所示是将 Python 软件的安装路径配置到 Path 界面中。

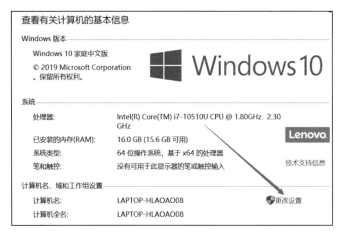

图 2-14　在计算机基本信息中单击"更改设置"

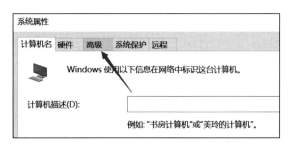

图 2-15　在系统属性中单击"高级"标签

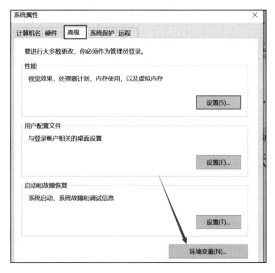

图 2-16　在"高级"标签中选择"环境变量 (N)..."

图 2-17　选择 Path 选项

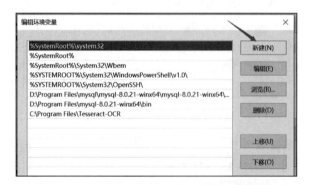

图 2-18　单击"新建"以创建新的环境变量

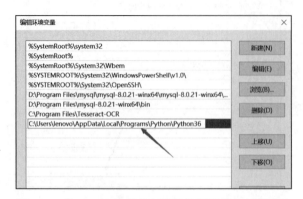

图 2-19　将 Python 软件的安装路径配置到 Path 界面中

添加完毕后，环境变量中就会出现相应的内容，图 2-20 所示是 Python 软件安装路径被配置到系统 Path 界面中的效果。这说明 Path 中的 Python 的安装路径已添加完毕，在 DOS Prompt 框中输入"pip list"，即可以看到 Python 解释器中已经安装的 Python 包。

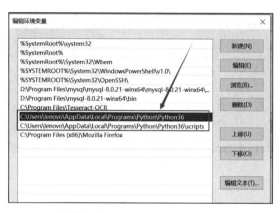

图 2-20　Python 软件安装路径被配置到系统 Path 界面中的效果图

下面介绍如何查找 Anaconda 的安装路径。

1）单击屏幕左下角的 Windows 视窗按钮，在随后出现的菜单中找到 Anaconda Prompt，如图 2-21 所示。

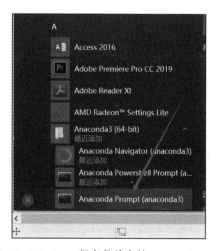

图 2-21　Windows 程序菜单中的 Anaconda Prompt

2）右击 Anaconda Prompt，在出现的快捷菜单中选择"打开文件位置"，如图 2-22 所示。然后，找到相应的快捷方式并右击，就可以找到安装位置了。之后的步骤和查找 Python 的安装位置相同，这里不再赘述。

图 2-22　查找计算机中文件快捷方式的安装位置

2.4　包的安装

现在介绍包的安装方法，安装 Python 包有两种方式：一是在线安装，二是下载包后离线安装。

2.4.1　在线安装

此安装方式要求计算机联网，安装命令为"pip install 包名称"。以 selenium 包为例，进入 Python 的 DOS Prompt 后，输入命令 pip install selenium 即可开始安装。图 2-23 所示是计算机网络在线执行 pip install selenium 命令。

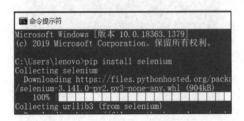

图 2-23　计算机在线执行 pip install selenium 命令

安装过程结束之后，执行 pip list 命令，查看已经安装的包的情况。如图 2-24 所示，可以看到 selenium 包已经被成功安装。

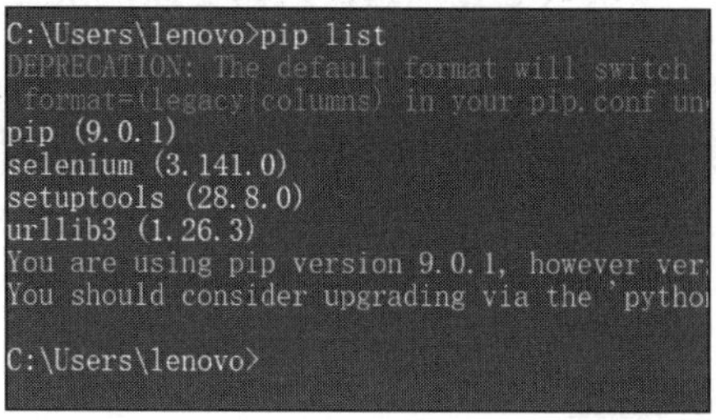

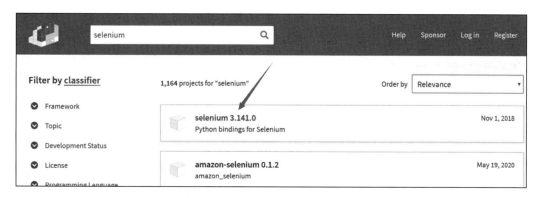

图 2-24　用 pip list 命令查看已经安装的包的情况

> 注意　"pip install 包名称"是在线安装方式，因为 Python 官网服务器在境外，如果碰到网络不好或者包比较大的情况，则安装过程可能会很缓慢，甚至会安装失败。因此，推荐采用离线安装或者镜像安装的方式。

2.4.2　离线安装

仍然以 selenium 包为例，访问 Python 包的官网 pypi.python.org 并搜索"selenium"。图 2-25 所示是在 Python 包的官网上搜索 selenium 包的结果。

图 2-25　在 Python 包的官网上搜索 selenium 包的结果

在所显示的结果中选择精确匹配的包或者发布时间最新的包，单击打开。图 2-26 所示是 selenium 包的详情页面。

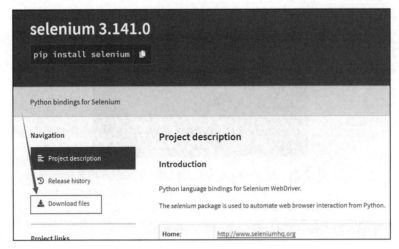

图 2-26　selenium 包的详情页面

在图 2-26 所示的页面中，包的名称下方是在线安装命令，页面右侧部分是包的介绍，页面左下部分是"Download files"按钮，单击进入下载界面，如图 2-27 所示。

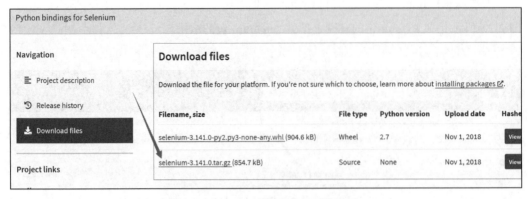

图 2-27　Python 官网中的包下载界面

在图 2-27 所示的页面中有两个格式的文件可供下载：一个是 .whl 文件，另一个是 .tar.gz 格式的文件。笔者习惯于选择后者，.tar.gz 是一种压缩文件格式，单击下载到硬盘上，然后用 rar 等压缩软件进行解压。

在文件管理器中打开解压之后的目录，并确认其中存在 setup.py 文件，然后在地址栏中复制路径。图 2-28 所示是离线安装的包解压后的文件情况。

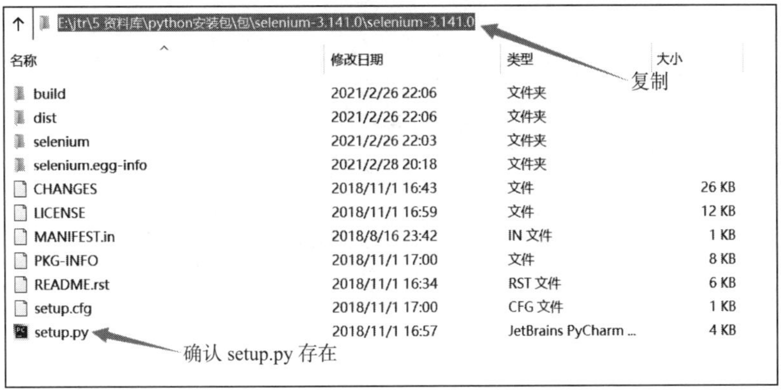

图 2-28　离线安装的包解压后的文件情况

再进入 DOS Prompt，首先用 cd 命令转到安装包 setup.py 所在的路径，命令是"cd 路径"。图 2-29 所示是在 DOS 工作框中转到已下载文件包的路径。

图 2-29　在 DOS 工作框中转到已下载文件包的路径

cd 命令执行完以后，提示符显示还是在 C 盘中，键入命令"E:"（读者的计算机未必是 E 盘，输入相应的盘符加上"："即可）。图 2-30 所示是在 DOS Prompt 中输入已下载文件包路径的盘符以转入该路径。

图 2-30　在 DOS Prompt 中输入已下载文件包路径的盘符以转入该路径

这时提示符已经变为 E 盘了，再执行 dir 命令，检查该目录下面的文件名，确认是否包含 setup.py。图 2-31 所示是确认下载解压之后的离线包中是否包含 setup.py 的过程。

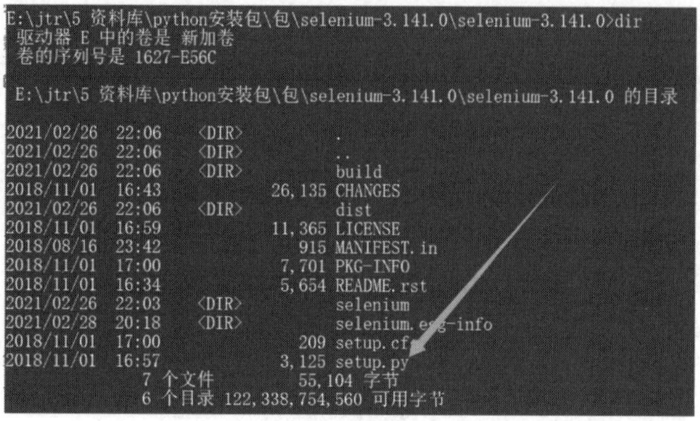

图 2-31　确认下载解压之后的离线包中是否包含 setup.py

如果 setup.py 文件存在，就可以开始进行包的安装了，命令为"Python setup.py install"。图 2-32 所示是在 DOS Prompt 中执行命令安装离线包。

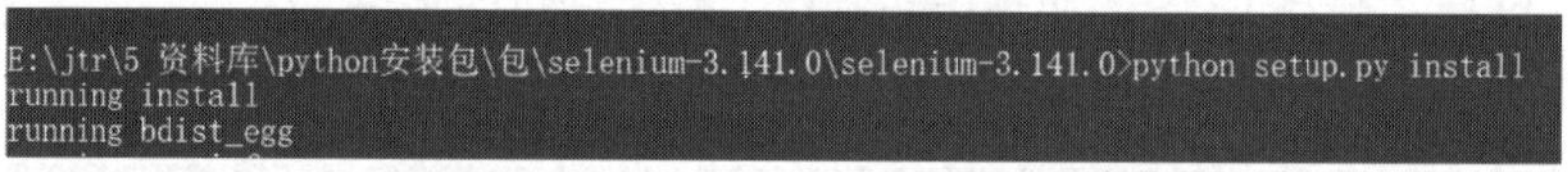

图 2-32　在 DOS Prompt 中执行命令安装离线包

到这里，已采用离线方式安装好了 Python，pip list 命令之后的输出不再赘述。

2.5　PyCharm 中的解释器配置

PyCharm 是一款优秀的编程 IDE 工具，是目前市场占有率最高的 Python 编程工具。PyCharm 能够实现两个解释器的配置，即 Python 解释器和 Anaconda 解释器。

下载 PyCharm 的官网地址是 https://www.jetbrains.com/Pycharm/，图 2-33 所示是 PyCharm 软件的下载界面，进入该界面后单击"Download"按钮，然后选择"Community"，即社区版，此版本免费（"Professional"即专业版，是收费的）。社区版对于初学者来说基本够用了。

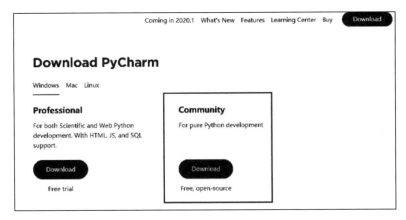

图 2-33　PyCharm 软件的下载界面

2.5.1　两种解释器的配置

假设一个项目（Project）有一个解释器 A，解释器 A 只包含 a_1、a_2、a_3 三个包的解释内容，但是没有包 a_4 的解释内容。如果一个程序段中引用了包 a_1，解释器 A 就会相应地进行解释，程序可以正常运行和调试；但是如果程序段引用了包 a_4，解释器 A 就没法解释了，程序执行就会报错。

既然 PyCharm 中的解释器是包的集合，如果包的数量很多而且有的包还比较大，配置解释器消耗的系统资源会较多。例如，Anaconda 包含几百个包，其中像机器学习、图形图像处理的包通常都比较大，如果用户的计算机配置不高，而且此用户并不需要机器学习这种比较大的包，那么该用户使用 Anaconda 作为解释器是比较浪费资源的。此时可以选择 Python 的解释器，Python 的解释器允许使用者根据自己的需求灵活选择安装包。如果有的包不想用了，就可以随时卸载。

打开 PyCharm 软件（笔者使用的是 PyCharm 2020 年 3 月份发布的版本），再打开 File，进而选择 Settings，就可以看到图 2-34 所示的 Python Interpreter 界面。

在图 2-34 中可以看到有三个 Project，每个 Project 对应硬盘上的一个文件夹，对于每个 Project，都可以配置相应的解释器，比如可以将第一个 Project 配置成 Python 的解释器，将第二个 Project 配置为 Anaconda 解释器。

图 2-34　Python Interpreter 界面

配置解释器的过程如下。

1）选中一个 Project。

2）单击 PyCharm 的解释器设置界面中的齿轮图标，如图 2-35 所示，则会显示已经配置过的解释器，如图 2-36 所示。

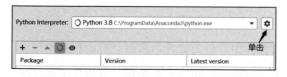

图 2-35　单击 PyCharm 的解释器设置界面中的齿轮图标

图 2-36　Add 和 Show All 选项

3）在图 2-36 所示的界面中单击"Show All"选项，会显示所有的已经存在的解释器。如图 2-37 所示，在 PyCharm 的解释器设置界面中显示了已经配置过的解释器。

图 2-37　在 PyCharm 的解释器设置界面中显示了已经配置过的解释器

从图 2-37 中可以看出，目前 PyCharm 中只有一个解释器，如果要增加一个解释器，则单击图 2-36 所示界面中的"Add"选项，然后在图 2-37 所示的界面中选择 System

Interpreter，并在右侧输入 Python 的安装路径。图 2-38 所示是在 PyCharm 的解释器设置界面中配置解释器。

图 2-38　在 PyCharm 的解释器设置界面中配置解释器

 注意　无论是 Python 的解释器，还是 Anaconda 的解释器，在解释器中输入路径时，都必须具体到 python.exe 文件。

至此，Python 的解释器已经配置好了。图 2-39 所示是在 PyCharm 中配置的 Python 解释器的包。

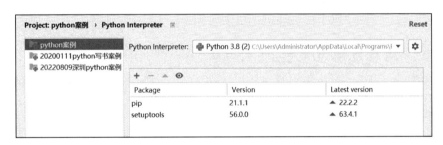

图 2-39　在 PyCharm 中配置的 Python 解释器中的包

如图 2-39 所示，在 Python 解释器中只有两个包，而图 2-40 所示是在 PyCharm 中配置的 Anaconda 解释器中的包，可以看到两者截然不同，包的种类和数量差别都很大。

在 PyCharm 中配置解释器时经常会碰到各种问题，下面介绍一个常见问题并提供对应的解决问题的过程，以帮助读者加深理解。

对 Python 来说 Anaconda 属于第三方软件，一个包成功安装后，有时会出现这样的情况：在 Anaconda Prompt 窗口中能够看到这个包，但是在 PyCharm 的代码中引用这个包时，代码运行会报错并提示找不到该包，用 import 语句导入该包时会发生错误。此时可以考虑将这个包重新装载一下。图 2-41 所示是在 PyCharm 的解释器设置界面中选择 "+"以搜索包。

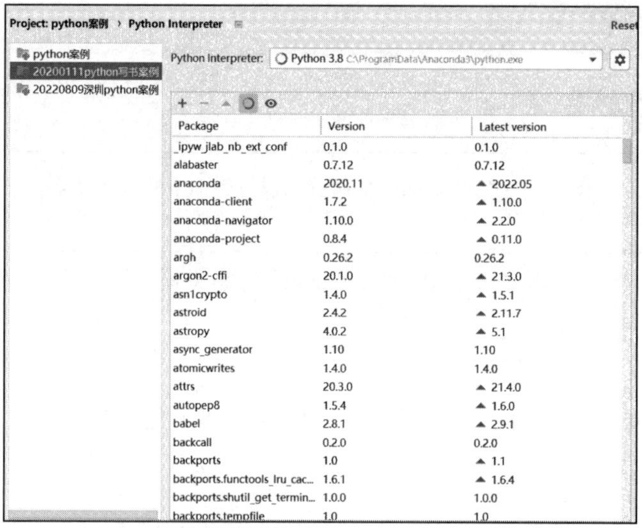

图 2-40　在 PyCharm 中配置的 Anaconda 解释器中的包

1）单击图 2-41 所示界面上方的"+"按钮。

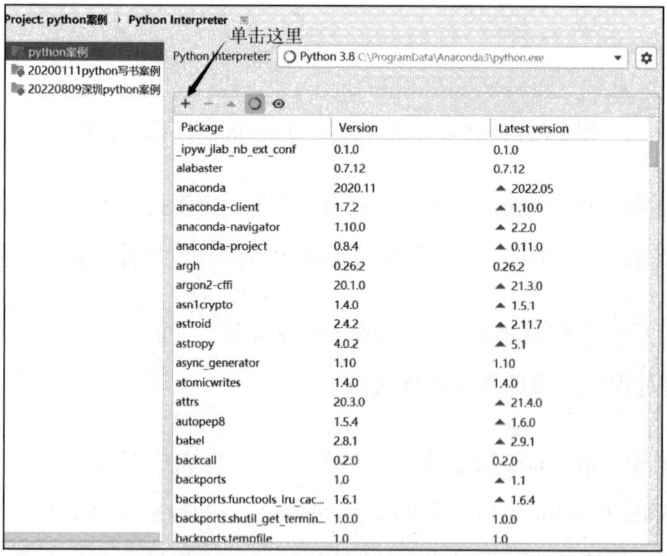

图 2-41　在 PyCharm 的解释器设置界面中选择"+"以搜索包

2）搜索相关的包，例如 pandas。图 2-42 所示是在 PyCharm 的解释器中搜索相应的包并且重新安装。如果搜索不到，说明 PyCharm 中找不到这个包，则需要重新安装。单击图 2-42 所示界面中的 Install Package 按钮，系统便会重新安装相应的包，并且会刷新整个 Anaconda 的包结构，这个过程需要持续数分钟（时间长短视配置高低而定）。刷新结束后，包即可以发挥作用。

图 2-42　在 PyCharm 的解释器中搜索相应的包并且重新安装

2.5.2　Anaconda 中第三方包的配置

本节介绍在 Anaconda 中安装第三方包的方法。首先要说明此处提及的"第三方包"容易引起歧义。因为相对于 Python 来说，Anaconda 本身就是第三方软件，可能是因为 Anaconda 的知名度比较高，所以广大 Python 用户基本已经将 Anaconda 视为 Python 的固有组成部分，这里所说的 Anaconda 第三方包指的是 Anaconda 中没有包含的并需要另外安装的包。

Anaconda 第三方包的安装过程如下。

1）下载需要安装的第三方包。

2）进入图 2-43 所示的 Anaconda Prompt 界面。Anaconda Prompt 的上方有 Anaconda 字样，这与普通的 DOS Prompt 有明显的差别。

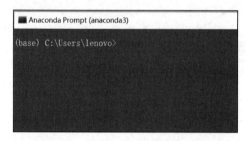

图 2-43　进入 Anaconda Prompt 界面

3）用 Python setup.py install 命令安装第三方包，这与普通的 DOS 环境类似，不再赘述。

4）安装好以后，在 PyCharm 的 Anaconda 解释器中检查是否成功安装，如图 2-44 所示。

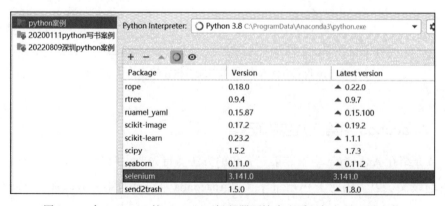

图 2-44　在 PyCharm 的 Anaconda 解释器环境中查看目标包是否被安装

5）如果在 Anaconda 解释器中找不到该包，就可以先用图 2-41 所示的方法进行查找。如果查不到，那说明该包确实是安装失败了，就需要重新安装该包；如果能查到，那么重新执行 install package 命令，重启 PyCharm，问题就基本能够解决了。

2.6　编译 .py 文件生成 .exe 文件

在工作中我们经常有生成 .exe 文件的需求，这是因为 Python 的环境搭建比较烦琐，如果直接把 .py 文件发送给使用者，对方为了运行 .py 文件要安装整套的 Python 环境，这在很多情况下都不方便，而将 .py 文件编译成 .exe 文件就会方便许多。

.exe 文件的编译需要使用 Python 自带的 IDLE 软件，按键盘的 Windows 键就可以看到 IDLE 软件，如图 2-45 所示。

图 2-45　Python 中的 IDLE 软件

单击图 2-45 所示的 IDLE 选项，会看到图 2-46 所示的 IDLE Shell 界面。

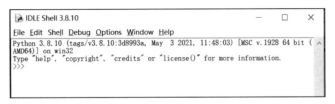

图 2-46　IDLE Shell 界面

IDLE 是 Python 自带的编程工具。由于市场上存在 PyCharm、PyScripter、VS Code 等著名的 IDE 软件，所以 IDLE 的知名度并不高，甚至在有一定经验的 Python 编程开发者中也有一些人不知道 IDLE 的存在。

IDLE 直接对应于 Python 的解释器，IDLE 编程界面即如图 2-46 所示。在 DOS Prompt 窗口中键入 pip list 命令，显示的就是 IDLE 对应的包，图 2-47 所示是在 DOS Prompt 中输入 pip list 命令查询已经安装的包。

以下是在 Python 中编译生成 .exe 文件的步骤。

1）在 Python 的解释器中安装 pyinstaller 包（即在图 2-47 中看到的 pyinstaller 包，pyinstaller 是专门用于在 Python 中编译 .exe 文件的包）。

图 2-47　在 DOS Prompt 中输入 pip list 命令查询已经安装的包

2）复制 .py 文件所在的路径。图 2-48 所示是在文件管理器中复制要编译的 .py 文件的路径。

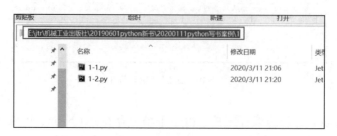

图 2-48　在文件管理器中复制要编译的 .py 文件的路径

3）在 IDLE 中验证代码。在 IDLE 中打开 1-1.py 文件，并在上方的菜单栏中点击"Run"来运行该 .py 文件，如图 2-49 所示。如果运行无误，则测试通过。

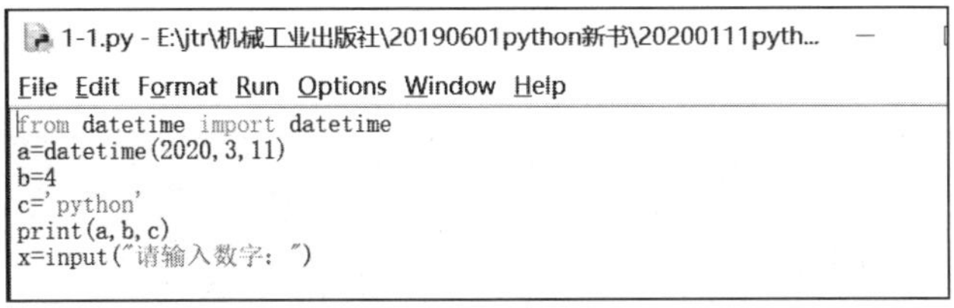

图 2-49　在 IDLE 中运行 .py 文件

4）在 DOS Prompt 中转到要编译生成 .exe 文件的 .py 文件所在的路径，如图 2-50 所示。然后用 dir 命令验证路径的正确性，如图 2-51 所示。

图 2-50　转到要编译生成 .exe 文件的 .py 文件所在的路径

5）编译生成 .exe 文件。使用的命令是 pyinstaller –F 1-1.py，其中 -F 是表示文件打包方式的参数，如图 2-52 所示。图 2-53 所示是使用 pyinstaller 命令编译 .exe 文件的相关输出提示。如果出现如图 2-53 所示的"completed successfully"，则代表编译成功。

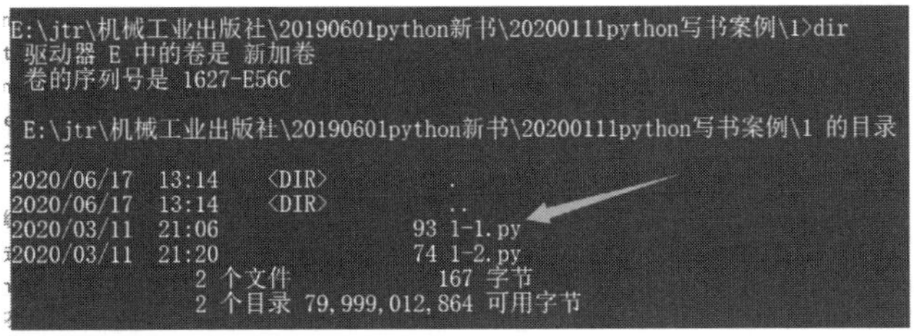

图 2-51　用 dir 命令确认要编译生成 .exe 文件的 .py 文件所在的路径

编译成功后，在 dist 目录下就可以看到生成的 .exe 文件了。图 2-54 所示是使用 Pyinstaller 包生成的 .exe 文件。

图 2-52 用 pyinstaller 命令编译 .exe 文件

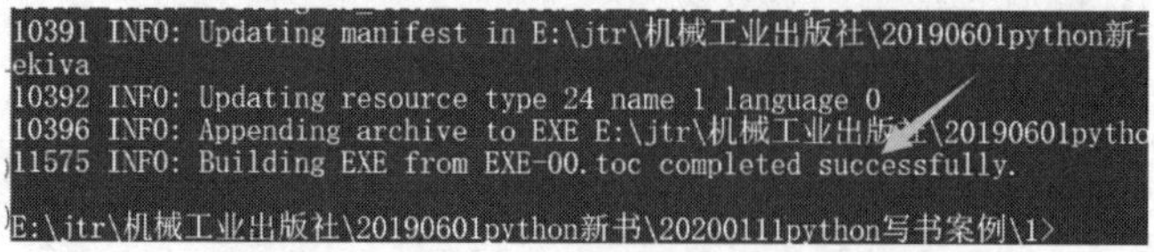

图 2-53 使用 pyinstaller 命令编译 .exe 文件的相关输出提示

图 2-54 使用 Pyinstaller 包生成的 .exe 文件

双击图 2-54 中的 .exe 文件，可能会发现闪退的情况，根本无法看到生成的结果。这里给大家介绍一个小技巧：在编译生成 .exe 文件的相关代码的最后加入语句"x=input("请输入数字："")"，就不会出现闪退现象了。因为 input 函数的作用是让程序停止运行并且等待用户输入。相关代码如下：

```
from datetime import datetime
a=datetime(2020,3,11)
b=4
c='python'
print(a,b,c)
x=input("请输入数字：")
```

再次执行上面的编译命令，得到新的 .exe 文件。双击执行新的 .exe 文件，该文件运行后会停下来等待用户输入，这样就解决了闪退的问题，如图 2-55 所示。

上面过程面向的是不包括库文件的代码，如果代码中包含库文件，即代码中有"import XXX"这样的语句，则需要在 Python 的解释器中安装好相应的包。例如，代码中有 xlsxwriter，则需要在 Python 环境中装好 xlsxwriter 包，然后执行与上述相同的步骤，即在 IDLE 中测试代码，然后编译成相应的 .exe 文件。

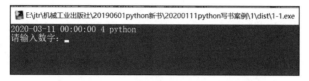

图 2-55　双击执行 .exe 文件后不再闪退

Chapter 3 第 3 章

Python 编程基础

对于编程"菜鸟"来说，很多编程的常识缺乏，且基础比较薄弱。例如，学员经常会问"我的输出文件怎么找不到了""如何进行程序调试"这样比较基础的问题。因此，在正式介绍 Python 编程之前，本章先介绍一些编程常识。考虑到本书的部分读者可能已经有一些编程基础，本章在甄选 Python 编程基础知识点时主要基于以下两个原则：一是 Python 初学者比较容易碰到的一些困惑之处或者难点，二是尽可能介绍 Python 区别于其他高级编程语言的特点。

3.1 与文件系统相关的 5 个常见问题

在 Python 教学过程中，笔者经常看到学员会因为文件路径而困惑，而文件路径是编程中最基础的知识之一，这里先介绍一下计算机文件系统的相关知识。

数据和代码在计算机上是以"文件"的方式存储的，例如，我们将文字存储在 Word 或者文本文件中，将数据存储在 Excel 文件中，将代码存储在 .py 文件中。对于这些存储数据和代码的文件，计算机需要有一个系统软件去管理它们，这就是文件系统。

文件系统在计算机软件中的表现形式就是文件管理器。如果我们只是简单地操作计算机，那么对文件管理器的操作通过鼠标就可以完成，但是如果我们要进行 Python 编程，就需要比较深入地理解文件系统。

1. 什么是路径?

路径的英文是 route，不考虑网络环境，路径就是在计算机上从硬盘盘符指向要操作的文件所经历的过程，图 3-1 所示是一个计算机文件路径的示例。如果我们要访问图 3-1 中的 1.xlsx 文件，就需要经历这条路径，从 E: 盘一直到 1.xlsx 文件。

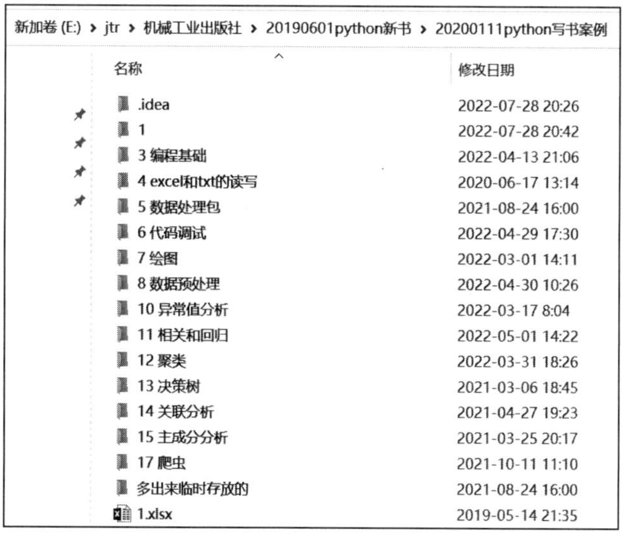

图 3-1　文件路径示例

2. 何时需要使用路径全名?

引用文件时会碰到两种情况：如果 Python 的 .py 文件和所操作的文件在同一个文件夹，那么就不需要关注文件的路径了，直接引用文件名即可；如果 .py 文件和所操作的文件不在同一个文件夹之下，则需要附上完整路径，代码如下（见本书配套的代码 3-1）：

```
q=open("out.txt","w",encoding='utf-8')
q.write(' 这个是测试一下 ')
```

```
q.close()
print('done')
```

在上述代码中，第一行代码是以写权限创建了 out.txt 文件，编码方式为 UTF-8，此语句中只写了文件名，并没有提及文件路径，表明本语句在 .py 文件所在的文件夹中创建了 out.txt 文件；第二行代码则在文件中写入"这个是测试一下"；第三行代码表示关闭文件，相当于存盘退出；第四行代码输出 done，表示程序运行结束。UTF-8 编码方式在后面还会继续阐述，这里不再展开。

在 PyCharm 中单击菜单栏中的"Run"，然后在出现的命令菜单中选择"Run…"来运行上述代码。图 3-2 所示是在 PyCharm 中运行代码。

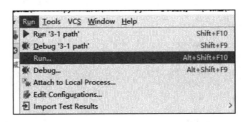

图 3-2　在 PyCharm 中运行代码

图 3-3 所示是要运行的 .py 文件的选择框，单击要运行的 .py 文件。

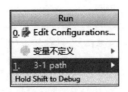

图 3-3　要运行的 .py 文件选择框

图 3-4 所示是 .py 文件运行结束后的结果显示窗口。

在图 3-4 中，第一行代码前半部分表示的是采用何种解释器，此处对应 C:\Users\DELL\Anaconda3，表示程序运行采用 Anaconda 解释器；后半部分是被执行的 .py 文件的文件路径和文件名；最后一行代码中的 exit code 0 则表示程序运行成功。

3-1 path
C:\Users\Administrator\anaconda3\python.exe "E:/jtr/机械工业出版社/20190601python新书
done
编译器
被执行的 .py 文件
Process finished with exit code 0
程序成功运行

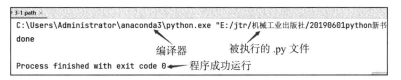

图 3-4 .py 文件运行结束后的结果显示窗口

图 3-5 所示是 .py 文件执行结束后的文件管理器的输出结果，可以看到生成了输出文件“out.txt”。

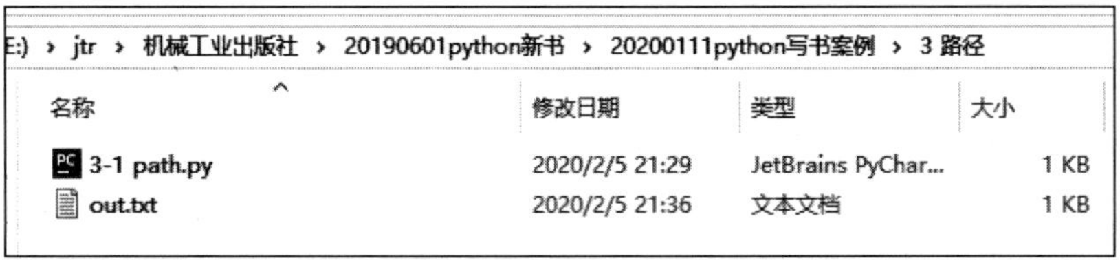

E:) › jtr › 机械工业出版社 › 20190601python新书 › 20200111python写书案例 › 3 路径
名称
修改日期
类型
大小
3-1 path.py
2020/2/5 21:29
JetBrains PyChar...
1 KB
out.txt
2020/2/5 21:36
文本文档
1 KB

图 3-5 .py 文件执行结束后的文件管理器的输出结果

下面看绝对路径的例子，代码如下（见本书配套的代码 3-2）：

```
import xlsxwriter
wk = xlsxwriter.Workbook('e:\jtr\examples\demo.xlsx')
sheet = wk.add_worksheet('sheet123')
sheet.write(0,0,190)
sheet.write(2,3,' 测试 ')
wk.close()
print('done')
```

在上述代码中，第一行表示导入 xlsxwrite 包，xlsxwrite 包是处理 excel 写操作的包；第二行表示创建 demo.xlsx 文件，这里采用了绝对路径；第三行则是在 demo.xlsx 文件中增加了一个名称为 sheet123 的工作表；第四、五行是在工作表的相应位置上写入了文本内容；第六行是对 demo.xlsx 文件进行存盘并关闭。在这种情况下，文件就生成在该绝对路径所指定的位置。图 3-6 所示是用绝对路径生成的文件。

3. 不存在的文件可以打开吗？

打开不存在的文件，或者关闭没有被打开的文件，这是编程初学者经常犯的错误。

只有路径和文件名正确并且切实存在的文件才能被打开，只有处于打开状态的文件才能够被关闭。笔者经常跟学员说：要锁门，那么门必须是开着的；要开门，那么门必须是锁着的。这个道理虽然很浅显，但是在实际工作中犯此类错误的人很多。

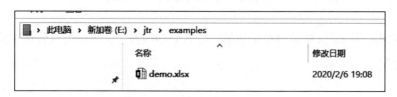

图 3-6　用绝对路径生成的文件

4. 通过只读和写权限打开文件有什么不同？

在操作文件时，可以以"只读"或者"写"权限打开文件。如果以只读权限打开文件，则文件不能被修改，我们只能把文件里面的数据读出来；如果以写权限打开文件，则可以对文件进行修改并存盘。

对于比较重要的源数据文件，我们通常采用只读方式打开，这样可以避免编程误操作造成重要数据文件的损坏。

5. 文件不关闭是否会自动存盘？

在 Python 编程过程中，文件被创建或者被打开后是存放在内存中的，在操作结束后，需要对文件进行关闭操作，这样对文件做的相关修改才能够存盘。

> 注意　在 Python 中对于文件的操作都是在内存中完成的，也就是说文件的读写都是在内存中实现的，所以只有在文件存盘关闭之后才能看到这些文件或者对文件的修改。这和 VBA "所见即所得"的方式差别很大，之前习惯 VBA 编程的读者在这方面要特别注意。

最后，我们来介绍如何在程序中实现打开文件夹和打开文件，代码如下（见本书配套的代码 3-3）：

```
import tkinter as tk
from tkinter import filedialog
folderpath=filedialog.askdirectory()
print(folderpath)
filepath=filedialog.askopenfilename()
print(filepath)
```

上述代码调用了 tkinter 包，此包会导入 filedialog 对话框，此对话框可以让程序的使用者选择要操作的文件夹和文件，也就是弹出一个类似 Windows 文件管理器的对话框。图 3-7 所示是 tkinter 包调用的选择文件夹的界面。

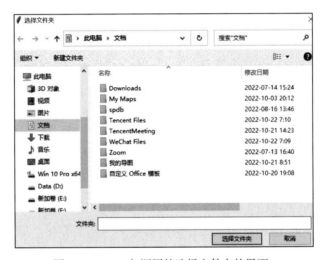

图 3-7　tkinter 包调用的选择文件夹的界面

3.2　编码格式

编码格式是 Python 编程中需要了解的重要内容之一，因为在 Python 处理文件或者网页内容时经常会碰到乱码，所以对于常见的编码格式还是需要有所了解。下面介绍常用的编码格式。

1. 常用编码格式

现在计算机领域中常用的编码有 ASCII 编码、GB 2312、Unicode、UTF-8 等。首先介绍 ASCII 编码。由于计算机是美国人发明的，最早只有 127 个大小写英文字母、数字和一些符号被收录到计算机编码表中，这个编码表被称为 ASCII 编码表，比如，大写字母 A 的 ASCII 编码是 65，小写字母 z 的 ASCII 编码是 122。

在计算机编码方面，中文要比英文字母要复杂一些，处理中文时显然一个字节是不够的，至少需要两个字节，而且还不能和 ASCII 编码冲突，因此中国制定了专门处理简体中文的 GB 2312 编码。考虑到中国的港澳台地区使用繁体中文，又产生了处理繁体中文的 Big 5 编码。

在 GB 2312 编码之后，又产生了著名的 Unicode 编码。全世界有数百种语言，日本把日文编到 Shift_JIS 编码里，韩国把韩文编到 EUC-KR 编码里，各国有各国的标准，就会不可避免地出现冲突，其结果就是在多语言混合的文本中会出现乱码。而 Unicode 把所有语言都统一到一套编码里，这样就不会再有乱码问题了。Unicode 标准也在不断发展，但最常用的是用两个字节表示一个字符（如果要用到非常偏僻的字符，就需要 4 字节）。现代操作系统和大多数编程语言都直接支持 Unicode。

ASCII 编码是 1 字节，而 Unicode 编码通常是 2 字节。这个时候新的问题又出现了：虽然统一成 Unicode 编码，乱码问题从此消失了，但是如果所写的文本基本上都是英文的话，那么用 Unicode 编码比用 ASCII 编码需要多一倍的存储空间，在存储和传输上比较浪费。所以，本着节约的原则，又出现了把 Unicode 编码转化为"可变长编码"的 UTF-8 编码。

UTF-8 编码把一个 Unicode 字符根据不同的数字大小编码成 1 ~ 6 字节，常用的英文字母被编码成 1 字节，汉字通常是 3 字节，只有很生僻的字符才会被编码成 4 ~ 6 字节。如果要传输的文本包含大量英文字符，用 UTF-8 编码就能节省很多空间。

最后总结一下，在计算机内存中，我们通常统一使用 Unicode 编码，当需要保存到硬盘或者需要传输的时候，就转换为 UTF-8 编码。例如，用记事本等软件编辑文本时，从文件读取的 UTF-8 字符会被转换为 Unicode 字符到内存里；编辑完成后，保存的时候再把 Unicode 字符转换为 UTF-8 字符保存到文件中。浏览网页的时候，服务器会把动态生成的 Unicode 内容转换为 UTF-8 格式再传输到浏览器。表 3-1 所示是几种常见计算机编码格式的对比。

表 3-1　几种常见计算机编码格式的对比

编码格式	适用范围	位长	备注
ASCII	英语	1 字节（8 位）	最早的计算机编码系统
GB 2312	简体中文，适用于中国大陆地区	2 字节（16 位）	
Big 5	繁体中文，适用于中国的香港、澳门、台湾地区	2 字节（16 位）	
Unicode	最大最全的编码系统	4 字节（32 位）	
UTF-8	精简版的编码系统	1 字节（8 位）	Python 专用的编码系统

2. Python 编码格式及其应用

Python 专用的编码方式是 UTF-8，下面语句表示创建 out.txt 的文本文件，其编码方式就是 UTF-8。

```
fq=open(sys.path[0] + '\out.txt',"w",encoding='utf-8')
```

下面语句表示在文本输出时采用的编码方式是 UTF-8。

```
sys.stdout = io.TextIOWrapper(sys.stdout.buffer,encoding='utf-8')
```

3.3　Python 编程中的特殊之处

Python 作为一门高级语言，相对于其他高级语言来说有一些特点。

1. 变量定义

在 Python 代码中，一般变量无须定义即可使用，包括数字、字符串、日期、布尔值等，这些变量不但能够直接赋值使用，而且能够在代码段中随意变换类型。以如下代码为例，在代码中变量 a 先被赋予了 100 和 1 这样的整数，随后又被赋予"I love"这样的字符串。

```
a=100
print('a=', a)
```

```
a=1
b=2
print('a,b=',a,b)
print('a=',a,'b=',b)
a='I love'
b=3
print(' 这是加逗号的显示方式 ',a,b)
print(' 这是加号的显示方式 '+a+' '+str(b))
```

> **注意** Python 中的基础变量在使用前不需要定义，但是数据结构必须先定义后使用，如列表、字典、集合等数据结构。

2. 左闭右开

"左闭右开"是 Python 编程的一个重要特点，以整数区间 [a,b] 为例，a 是区间左边的值，但是区间右边的值是 b-1，即区间右边的值是自动减 1 的。这一特色我们在后续的 3.4.1 节中有详细叙述。

3. 缩进

缩进在 Python 中具有特别重要的作用，Python 的 if 语句和循环语句都没有结束语句，也就是说，if 语句不以 end if 结尾，for 循环语句不以 next 作为结束语，while 循环语句不以 loop 作为结束语，Python 以缩进作为程序结构的标志。这在 1.1.1 节已经有过讲述，不再赘述。

3.4 Python 中的数据结构

数据结构在 Python 编程中扮演着非常重要的作用，所以初学者需要对 Python 的数据结构有一些了解。Python 中常用的数据结构主要有 5 种——序列、列表、元组、字典和集合，下面分别介绍。

3.4.1　序列

序列是有索引的数组，如表 3-2 中的数字 0，1，2…就是索引。

表 3-2　元素及其索引示例

元素	元素 1	元素 2	元素 3	元素 4	…	元素 n
索引	0	1	2	3	…	n−1

索引的实现代码如下所示（见本书配套的代码 3-4）：

```
a=["北京","上海","广州","深圳"]
print(a[2])
print(a[-1] + " " + a[-2])
print(a[1:3])
```

> **注意**　Python 中的序列的索引是从 0 开始的。

在代码中，由于索引是从 0 开始的，所以 a[2] 相当于序列的第三位，也就是"广州"。请注意 a[−1] 和 a[−2] 的写法，这表明序列的倒数最后一位和倒数第二位。a[1:3] 显示的结果是"上海"和"北京"。由于 index 是从 0 开始的，实际上 a[1:3] 相当于 a[2:4]，应该显示 ['上海 ', ' 广州 ', ' 深圳 ']。这里就涉及了 Python 的"左闭右开"原则，也就是说，a[1:3] 相当于 a[1:3)，表示开区间，或者说 a[1:3) 相当于 a[1:2]，因此显示 ['上海 ', ' 广州 ']。以下是运行以上代码的输出结果：

```
广州
成都 重庆
['上海 ', ' 广州 '],
```

> **注意**　Python 中"左闭右开"是一个非常重要的原则，在后续的 Excel 文件处理中经常会碰到。

在序列中可以实现切片的功能，如下代码所示。切片功能相当重要，后续在 pandas 的应用中也会重点提及。

```
b=["北京","上海","广州","深圳","重庆","成都","兰州","乌鲁木齐"]
print(b[0:5:2])
```

以上代码中，0 和 5 分别是序列的起始和终结位置，2 是步长，因此显示如下：

```
['北京','广州','重庆']
```

序列可以相加，见以下代码：

```
b1=["北京","上海"]
b2=["广州","深圳"]
print(b1+b2)
```

其输出如下，结果是 b1 和 b2 这两个序列的并集。

```
['北京','上海','广州','深圳']
```

序列中一个重要的应用是 in 的应用。例如，用 in 关键字判断一个字符串是否在序列之中，代码如下：

```
if "重庆" in b1+b2:
    print("有重庆")
else:
    print("没重庆")
```

序列还有以下一些应用，例如：

```
c=[1,2,3,4,100,3,25,27]
print(sorted(c))
print(str(sum(c))+ " " +str(len(c))+ " " +str(min(c))+ " " +str(max(c)))
print(list(c))
```

其中，sorted() 用于对序列进行排序，list() 用于将序列转化为列表，len、min、max 等则分别用于计算序列的长度、最小值和最大值。

 注意　Python 中 str 函数将数字转化为字符串，Python 不支持文本和数字混排输出，如果直接混排输出，程序会报错，因此对于数字要使用 str 函数将其转化为字符串。读者可以自行验证其效果。

3.4.2　列表

列表的英文为 list，列表是 Python 数据结构中使用频率最高的一种，初学者一定要牢牢掌握。

1. 列表创建

首先看列表的创建。有三种方式可以创建列表：一是手工创建，二是创建空列表后再添加列表元素，三是直接创建一个数值列表。在编程中应用最多的是第二种方式。这三种方式的示例代码如下（见本书配套的代码 3-5 ）：

```
a=[" 北京 "," 上海 "," 广州 "," 深圳 "," 重庆 "," 成都 "]
b=[]
c=list(range(0,20,2))
print(a)
print(b)
print(c)
```

以上代码的输出结果如下：

```
[' 北京 ', ' 上海 ', ' 广州 ', ' 深圳 ', ' 重庆 ', ' 成都 ']
[]
[0, 2, 4, 6, 8, 10, 12, 14, 16, 18]
```

2. 列表元素操作

列表创建之后，主要操作是对列表元素的增删改，见以下代码：

```
for i in range(1,10):
  b.append(i)
print(" 原来的 ")
print(b)
b.insert(2,2.3)
print("insert 方式之后的： ")
print(b)
c=[100,200,300]
print("extend 方式之后的： ")
b.extend(c)
print(b)
b[0]=10000
print(" 修改过的： ")
```

```
print(b)
del b[-1]
b.remove(2.3)
print("删除过的: ")
print(b)
```

以上代码中，第一个循环以 append 方式往列表 b 中添加数据，再用 insert 方式往列表 b 中插入数据，而采用 insert 方式可以精确地确定插入位置。此外，extend 方法可以实现两个列表的合并。如果两个列表有重合数据，那么这两个列表进行 extend 操作的结果如何呢？

```
a=[1,2,3]
b=[1,2,4]
a.extend(b)
print('看有重复数据的列表的 extend 结果: ')
print(a)
```

输出结果如下：

```
[1, 2, 3, 1, 2, 4]
```

可以看到，采用 extend 方式只会将两个列表简单地拼接在一起，而对重复的数据不会进行处理。

列表元素的删除命令是 del 和 remove，其中 del 是根据列表的索引删除相应值，remove 是根据列表的值来删除相应值。

列表提供了一些内置的统计方法，包括 count、index 和 sum 等，分别实现计数、查找特定值的相应位置、求和等功能。

在排序方面，列表提供了 sort 的方法，我们也可以用 sorted 函数来实现。对此，本书配套的"3-5 列表 .py"中都有提及。

3. 列表循环语句

下面介绍列表中的循环方法。有两种方法可以实现列表中的循环：一是简单的 for 循环，二是用 enumerate 函数。这两种循环方法的示例代码如下：

```
print('for 循环的输出 :')
for item in a:
  print(item)
print('for+enumerate 循环的输出 :')
for index,item in enumerate(a):
  print(index+1,item)
```

"for+enumerate" 循环的输出结果如下：

```
1 10
2 6
3 5.5
4 3
5 3
6 3
7 3
8 2
9 2
```

从以上输出结果可以看出，利用 "for+emunerate" 的组合语句，可以同时输出列表的索引和元素值。

3.4.3　元组

元组是 Python 中比较特殊的数据结构，元组的内容不能改变，并且可以将不同类型的数据放到元组中。

元组的操作跟列表很相似，唯一的差别是元组在代码中是用圆括号括起来的，代码如下（见本书配套的代码 3-6）：

```
a=(" 北京 "," 上海 "," 广州 "," 深圳 "," 重庆 "," 成都 ")
b=()
c=tuple(range(0,20,2))
print(a)
print(b)
print(c)
```

```
a=("哈哈","嘿嘿","呵呵")
print(a)
```

3.4.4 字典

字典并不是 Python 所特有的数据结构，VBA 中就有字典这一数据结构，而 Java 或者 C++ 中的 Map 对象也相当于字典。字典在编程中的作用非常大，甚至有"不会用字典就不会编程序"的说法，这种说法虽然比较夸张，但是还是有一定道理的。

1. 字典的典型作用

字典的典型作用有二：一是去重统计，二是提高检索效率。这两个作用的需求场景在编程中碰到的概率很高。表 3-3 所示是在"字典源数据 .xlsx"这一 Excel 文件中"订单"工作表的内容。

表 3-3 "字典源数据 .xlsx"的"订单"工作表的内容

客户名称	总金额 / 元	客户名称	总金额 / 元
第一工厂有限公司	56.0648	第六工厂有限公司	141.592
第二工厂有限公司	1202.7344	第七工厂有限公司	2322.7516
第三工厂有限公司	1110	第八工厂有限公司	130.6
第四工厂有限公司	495.576	第九工厂有限公司	296.64
第五工厂有限公司	209.32808		

如果要统计表 3-3 中不重复的客户数量，就要去除重复值的统计。同理，如果要统计不同的客户的销售的总金额，也要去重统计。

再看数据检索，见"字典源数据 .xlsx"的 Sheet1 工作表，该工作表中有 1 万行数据，这些数据是某家工厂物料清单数据的一部分，表示各种采购原材料的价格，料号从 A00001 到 A10000。如果要查询某一个元器件的价格，可以分为如下 3 种情况。

❑ 料号比较靠前：假如料号是 A00125，此时检索起来非常快，仅检索 125 次就得到了相应的价格。

❑ 料号居中：假如料号是 A04900，检索起来的速度就会慢很多，因为要比对接近

5000 次才能得到结果。

❑ 料号靠后：假如料号是 A09900，这个时候检索的效率是比较低的，要比对到数据的末端才能匹配成功并且检索到相应的价格。

上面介绍的多种情况下的数据比对体现了时间复杂度的概念。如果查询的次数足够多，从概率上讲，平均每次检索的次数会接近 5000 次。假如一个程序需要频繁查询原材料的价格，例如，程序运行期间需要查询 1000 次，每次平均要检索 5000 次，那么总检索次数要达到 1000×5000，也就是 500 万次。这是一个非常惊人的消耗。如果计算机本身性能就不佳，这将会严重地拖慢检索速度。此时应用字典这一数据结构就可以非常好地解决这个问题。利用字典，只要遍历一次数据就可以将相关数据装入字典，以后就不用再进行比对检索，只需要直接引用即可。

表 3-4 所示是字典数据结构的示意图，字典由 key 和 item 两列构成，key 不能重复，item 是对 key 的解释。

表 3-4　字典数据结构的示意图

key	item
中国	位于亚洲东部的一个国家，有着众多的人口和广袤的国土
淘宝	中国最著名的网购平台之一
泰山	中国山东省的一座历史文化名山
……	……

 注意　字典中的 key 不能重复，item 可以重复。

2. 创建字典

字典创建有三种方式：一是手工直接创建，二是通过单列表的方法创建，三是通过两个列表的方式创建。先看第一种方式的实现，代码如下（见本书配套的代码 3-7）：

```
d={'name':' 王猪猪 ','name1':' 李大壮 '}
if 'name2' in d:
    print(d['name'])
```

```
else:
  print(d['name1'])
```

再看第二种方式，即单列表的方式。这种方式采用 fromkeys 语句将列表 a 作为字典的 key，item 设置为空值。

```
a=["北京","上海","广州"]
d1=dict.fromkeys(a)
print(d1)
```

以上代码的输出结果是：

```
{'北京': None, '上海': None, '广州': None}
```

第三种方式是采用 zip 语句通过两个列表来创建，两个列表分别对应 key 和 item，见代码：

```
d1=["哈哈","呵呵","嘿嘿"]
d2=[1,2,3]
d=dict(zip(d1,d2))
print(d)
```

在以上代码中用 dict 和 zip 这两个函数将两个列表组合转化为字典，拼接后运行代码，会看到如下结果：

```
{'哈哈': 1, '呵呵': 2, '嘿嘿': 3}
```

3. 字典内容的引用

对于字典内容的引用有两种方式，一是直接引用，二是用 get 方式，具体见以下代码：

```
for i in range(len(d2)):
  print(d2[i]+"  "+str(d[d2[i]]))
  print(d2[i] + "  " + str(d.get(d2[i])))
```

以上代码中，第一种方式就是直接引用，第二种方式用 get 方式，两种方式无明显差异，使用者可以根据偏好确定使用何种方式。

4. 字典的增删改查

下面的代码演示了如何对字典进行增删改操作：

```
d2["嘟嘟"]=4
print(d2)
d2["哈哈"]=10000
print(d2)
del d2["哈哈"]
print(d2)
```

下面的代码演示了如何对字典进行遍历查找：

```
for x in d2.keys():
  print(x)
for y in d2.items():
  print(y)
```

5. 字典在多分支判断中的应用

Python 的功能非常强大，但是也有一些不尽如人意的地方，在多分支语句方面就是如此。众所周知，用 if 函数来处理复杂的逻辑是比较麻烦的。例如，对于银行业务，输入 1 表示选择"基础银行业务"，输入 2 表示"基金"，输入 3 表示"债券"，输入 4 表示"外汇"，输入 5 表示"理财产品"，输入 6 表示"其他"。如果用 if 语句处理这样的选择逻辑比较烦琐，其他高级语言往往采用 Switch 语句来进行处理。

以 VBA 为例，代码如下：

```
Switch a:
  Case 1:msgbox("银行基础业务")
  Case 2:msgbox("基金")
  Case 3:msgbox("债券")
  Case 4:msgbox("外汇")
  Case 5:msgbox("理财产品")
  Case 6:msgbox("其他")
End select
```

Python 中没有多分支语句，而用 if 函数嵌套解决上述问题又比较复杂，此时可以通过字典实现多分支语句，代码如下（见本书配套的代码 3-8）：

```
from distutils import log
def stateA():
  print('stateA called')
def stateB():
  print('stateB called')
def stateC():
    print('stateC called')
def stateDefault():
    print('stateDefault called')
cases = {'a':stateA, 'b':stateB, 'c':stateC}# 定义一个字典
def switch(case):
  if case in cases:
    cases[case]()
  else:
    stateDefault()
def test():
  switch('b')
  switch('c')
  switch('a')
  switch('x')
test()
```

以上代码首先定义了四个函数——stateA、stateB、stateC、statedDafault，随后定义了一个字典 cases。表 3-5 所示是字典 cases 的内容。

在随后定义 switch 的过程中，可以利用字典的 in 语句获得相应的 item。例如，a 对应的 item 值为 stateA，再加上一对圆括号，就相当于调用函数 stateA()，依此类推，这样就巧妙地实现了多分支语句的功能。

表 3-5　字典 cases 的内容

key	item
a	StateA
b	stateB
c	stateC

6. 字典在数据去重中的应用

去重统计是字典的重要应用，示例代码如下（见本书配套的代码 3-9）：

```
import openpyxl
from openpyxl.reader.excel import load_workbook
wk=load_workbook(filename=' 字典源数据 .xlsx')
sht=wk[' 订单 ']
# 这里开始将 Excel 表格中前两列的内容读取到字典中
d=dict.fromkeys('a',"b")
```

```
for i in range(2,sht.max_row+1):
  if not(sht.cell(row=i,column=1).value in d):
      d[sht.cell(row=i,column=1).value]=sht.cell(row=i,column
  =2).value
  else:
    d[sht.cell(row=i, column=1).value] = d[sht.cell(row=i,
  column=1).value]+sht.cell(row=i, column=2).value
print(d.keys())
print(d.items())
print(len(d))
i=2
for item in d.items():
  print(item)
  sht.cell(row=i, column=5).value = item[0]
  sht.cell(row=i, column=6).value = item[1]
  i=i+1
wk.save(' 字典源数据 .xlsx')
wk.close()
```

在以上代码中，首先打开源数据文件，并且创建一个工作簿，再创建一个字典，随后从源数据的第二行到最后一行进行循环处理，并在循环中进行如下判断：如果第一列的数据不在字典 d 中，则将第一列的数据作为字典的 key，第二列的值作为字典的 item；如果第一列的数据已经在字典 d 中，则该字典 key 的值等于原来的 item 值加上第二列的值，这就实现了字典中相同的 key 值的 item 值的累加。接下来的循环是将字典的 item 值放到 Excel 文件中。请注意，item 值是两个值的组合，item[0] 和 item[1] 分别表示字典的 key 和 item。最后将 Excel 文件存盘并退出。

3.4.5　集合

集合是一组元素的组合，其最重要的特征是保存不重复元素。下面先介绍集合的创建。集合的创建有两种方式：一是直接创建，二是用 set() 函数来创建。函数的参数是一个列表，也就是说，列表中的元素可以导入到集合并成为集合的数据，代码如下（见本书配套的代码 3-10）：

```
set1={" 北京 "," 上海 "," 广州 "," 深圳 "}
set2={" 北京 "," 重庆 "," 成都 "," 西安 "}
a=[" 北京 "," 三亚 "," 海口 "," 南宁 "]
```

```
set3=set(a)
print(set1)
print(set2)
print(set3)
```

set1 和 set2 是直接定义的，a 是一个列表，set3 这个集合是通过 set 命令读入列表 a 的内容而创建的。

下面介绍集合的增删改功能。在已有集合中添加元素可以通过 add 实现，而删除元素的方式有两种，一种是定点删除方式（remove），二是弹出方式（pop），代码如下（见本书配套的代码 3-11）：

```
set1.add("乌鲁木齐")
print(set1)
set1.remove("乌鲁木齐")
print(set1)
print("现在开始进 pop 了: ")
print(len(set1))
for i in range(1,len(set1)+1):
  set1.pop()
  print(set1)
```

在以上代码的循环过程中，能够对集合中的元素逐一删除。集合最典型的应用在于它的交集、并集和差集的运算，对应的运算符分别是"&""|"和"-"。

```
set1={"北京","上海","广州","深圳"}
set2={"北京","重庆","成都","西安"}
print(set1 & set2)
print(set1 | set2)
print(set1-set2)
```

上述代码的输出结果如下：

```
{'北京'}
{'北京', '重庆', '上海', '广州', '西安', '深圳', '成都'}
{'广州', '上海', '深圳'}
```

再看一个集合应用的综合示例，代码如下（见本书配套的代码 3-11）：

```
import openpyxl
from openpyxl.reader.excel import load_workbook
```

```
import sys
import os
wk=load_workbook(filename="基金数据.xlsx")
sht1=wk["基金1"]
sht2=wk["基金2"]
a=set()
b=set()
for i in range(1,sht1.max_row+1):
  a.add(sht1.cell(i,1).value)
for i in range(1,sht2.max_row+1):
  b.add(sht2.cell(i,1).value)
print(a-b)
print(b-a)
```

以上代码将 Excel 文件的两个工作表的数据读入集合，并且采用集合差集运算计算出仅在本工作表而不在另外一个工作表的基金代码。

3.5　Python 基础语句

Python 中的基础语句除了 import 语句之外，其他语句与其他高级语言比较类似。

1. import 语句

import 语句用于导入相应的包以供后面的代码使用，具体的三种语法格式如下。

❑ "import xxxxx"。例如，import pandas，其作用是将 pandas 包导入内存中。

❑ "import pandas as pd"。此语句导入 pandas 包并且将其所有的对象、方法和属性赋予 pd 对象。笔者在上课时经常做这样的比喻：pandas 包相当于一个魔法师，pd相当于英雄，这条语句的效果相当于 pandas 魔法师把所有的力量、魔法都赋予英雄 pd，然后英雄 pd 就可以出去打怪升级了。

❑ "from openpyxl.reader.excel import load_workbook"。从 openpyxl 包的 reader.excel方法中导入 load_workbook 方法。

2. 输入输出语句

输入输出语句比较简单，分别是 input 和 print。input 语句会让程序的运行停下来等待输入，print 语句能输出内容到 IDE 相应的区域。print 语句也经常用于程序调试，开发者可以在程序调试过程中加入很多条 print 语句以了解程序执行的中间结果，等程序调试好之后再删除该 print 语句，或者在语句前面加"#"将该语句变成注释。

3. 条件判断语句

条件判断语句即 if 语句，根据判断条件的结果（True 和 False）决定后续运行的程序体。Python 中的 if 语句和其他高级语言的并无多少差别，只是对其程序体的判断是靠缩进位置来实现的，没有 End if 作为结束语。

简单的 if 函数的实现代码如下（见本书配套的代码 3-12）：

```
if password=='12345':
    print(' 输入成功 ')
  else:
    print(' 密码错误 ')
  mima()
```

if 函数嵌套的实现代码如下（见本书配套的代码 3-13）：

```
a=5
if a<10:
  print(' 太小了 ')
else:
  if a<20:
    print(' 中等 ')
  else:
    print(' 大 ')
```

在以上代码中，如果 a 的值小于 10，则输出"太小了"；如果程序运行到之后的 else 部分，则 a 的值肯定都大于或等于 10，程序再进行嵌套判断。如果 a 的值小于 20，则输出"中等"，其他情况则输出"大"。

4. 循环语句

循环是指令程序不断重复地做某个动作。循环是编程的精华部分，如果没有循环语句，其实就没必要编程序了。

循环语句分两种，一种是 for 循环，另外一种是 while 循环。两者的差异是：for 循环适用于循环的起点和终点都确定的场景，而 while 循环是边做判断边执行。

关于 while 循环，笔者现在还清晰地记得，1989 年上大学的时候，笔者的计算机老师跟我们说过的话：人生就是一个 while 循环，因为我们知道人生的起点但是不知道终点，我们每个人都不知道自己什么时候离开这个世界，只能走一步看一步。

for 循环的示例代码如下（见本书配套的代码 3-12）：

```
for i in range(1,11):
  print(i**3)
```

以上代码执行 10 次循环，循环变量从 1 变化到 11，但由于 Python 的"左闭右开"特性，程序只执行 10 次。从以上代码可以看出循环的起点和终点都是明确的。

For 循环还有一种写法：for i in range(11)。这种写法的执行结果跟上述情况相同，只是循环指针 i 的变化范围是 0 ～ 10。

while 循环示例如下（见本书配套的代码 3-12）：

```
i=0
while i<100:
  print(i)
  i=i+2
```

从上述代码可以看出，while 循环没有明确的终点，当 i < 100 这个条件成立时，程序执行循环体里面的语句，当 i < 100 条件不成立时，while 循环即结束。通常 while 语句具有三个要素：初值、判断和指针变动。上述代码中初值 i 为 0，while i < 100 是判断条件，i 每次加 2 是指针变动。如果代码中少了 i=i+2 这条语句，这个循环语句就陷入了死循环。

注意　指针变动语句在实际编程过程中比较容易被漏掉，从而导致程序进入死循环。

无论是 for 还是 while 循环，单层循环都是比较简单的，多重循环要复杂得多，对此，读者可以参考本书配套的代码 3-14，请读者自行阅读研究，本书不再赘述。

Chapter 4 第 4 章

Python 程序调试

"菜鸟"在学习 Python 的初期,往往对编程基础比较感兴趣,但是他们一旦掌握了编程基本技巧,就会逐步意识到 Python 编程的核心在于程序调试,即在程序运行出错之后如何快速找到错误并且纠正错误,同时程序调试也是程序员解读代码的重要手段和方法。

4.1　程序调试的常识

下面介绍几个关于 Python 程序调试的常识。

❑ 程序调试是编程的核心能力。编程需要各种能力,包括逻辑思维能力、代码收集能力甚至记忆力等,但是笔者认为编程最核心的能力在于代码调试能力。一个高水平的程序员和一个水平一般的程序员的主要差别在程序调试能力上,而程序调试能力在很大程度上决定了编程的效率。试想如果代码错误百出而且纠正代码错误要耗费很多时间,那么编程的效率将大大下降。对于编程初学者来说,这会大大打击他们学习编程的积极性。

❑ 编译器无法清晰表达所有的错误。有 IDE 使用经验的人都知道,在程序出错时,

IDE 所提供的对很多错误的提示都令人费解。这是因为产生错误的原因多种多样，再高明的 IDE 也无法穷举编程中的错误。在 Python 编程时，这一问题尤为显著，由于 Python 可以调用包，不少错误都是在调用包时发生，此时 IDE 所提供的错误提示可能会让初学者感到如同阅读天书。

☐ 单步调试是最基础的调试手段。几乎所有的编译器都提供了单步调试的手段，即提供了逐句调试的能力，这对初学者无疑是一个福音。即使编程比较熟练的程序员，在面对复杂的代码时也可能需要依靠单步动作来调试程序。

4.2　Python 代码的常见错误类型

在 Python 的程序调试过程中，通常有如下几种代码错误类型。

1. 语法错误

这是初学者最容易碰到的错误类型。在包括 Python 在内的高级编程语言中，有很多固定的关键字和语法结构，如果关键字或者语法写错，IDE 通常会提示错误。以 PyCharm 为例，PyCharm 在错误的代码下方会标识红色的波浪线，同时在包含错误代码的程序名下方也会出现红色波浪线。

相对于其他类型的错误，语法错误是最容易解决的错误类型。随着初学者编程能力的提升和对语法熟悉程度的加深，语法错误会很快减少。

2. 操作错误

操作错误是指程序执行了错误的操作，例如，创建了文件但是没有关闭、创建了大量的文件耗尽了计算机内存、试图打开一个不存在的文件等，或者一个 pandas 的数据帧存放了 200 万行数据并且要将其写到一个 Excel 文件中。对于这些错误，编译器一般都会给出相应的提示。

3. 逻辑错误

逻辑错误相对于语法错误和操作错误而言，是更加隐蔽的一种错误类型。代码有逻辑错误时，IDE 甚至不报错，程序可以顺利地运行完毕，但是结果却是错误的。代码出现逻辑错误的原因非常复杂，例如，当编程者需要打开一个 Excel 文件并且从第一行开始遍历到最后一行数据时，会在程序中使用 while 循环语句，如果 while 的逻辑判断条件写错了，程序并不报错，但是循环并没有执行或者执行结果有误。

解决逻辑错误往往依靠编程者的经验，如果经验不足，就只能靠单步工具等辅助判断。

4.3 程序调试方法

4.3.1 程序调试的基本操作

1. 进入 Debug 状态的操作

PyCharm 中的调试工具为 Debug。在进入 Debug 状态之前，首先要设置程序断点。断点的作用是让程序到断点处即停止运行。图 4-1 所示即是 Python 程序中设置的断点。

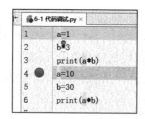

图 4-1　在 Python 程序中设置断点

如图 4-1 所示，如果要在第 4 行增加断点，那么就要在该行语句之前单击鼠标，出现一个红圈，这样断点即添加完毕。

如图 4-2 所示，运行菜单栏中的 Run 功能，再选中 Debug，即可进入 Debug 状态。

如图 4-3 所示，从 Debug 菜单中选择要调试的文件名。

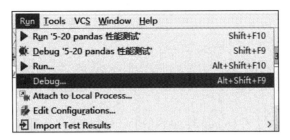

图 4-2　进入 Debug 状态

图 4-3　从 Debug 菜单中选择要调试的文件名

文件调试过程中，PyCharm 界面的左下角会出现两个窗口：Debugger 窗口和 Console 窗口，如图 4-4 所示，Debugger 窗口中显示程序中变量的值和数据类型等，Console 窗口中显示程序的输入和输出信息。

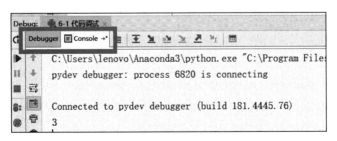

图 4-4　Debugger 窗口和 Console 窗口

在 Console 窗口中出现"Connected to pydev debugger(bulid 181.4445.76)"的提示后，表明程序已经成功进入 Debug 状态，同时代码界面中断点所在行出现蓝条。

注意 执行 Debugger 命令后，系统即进入编译和连接状态。根据程序的大小以及断点设置位置的不同，进入 Debug 状态需要的时间也不同。如果代码量比较大，进入 Debug 状态的时间会比较长，此时需要耐心等待。

图 4-5 所示是成功进入 Debug 界面后的 Debugger 窗口。变量 j 所在的行显示为红色，这是因为变量 j 在程序中没有定义或者程序还没有运行到该行，此时显示为：'j' is not defined 并且标注红色，而 a 和 b 则显示其数据类型和相应值。

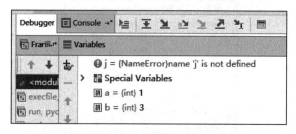

图 4-5　成功进入 Debug 界面后的 Debugger 窗口

在程序代码界面中，各变量也显示相应的值。如图 4-6 所示，在 Debugger 状态下 PyCharm 代码窗口中显示变量值。

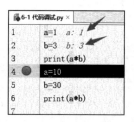

图 4-6　Debugger 状态下 PyCharm 代码窗口中显示变量值

2. 在 Debugger 窗口中添加监控变量

Debugger 界面中，不仅可以使用 PyCharm 默认添加的变量，也可以自行添加要观察的变量或者逻辑表达式。

> 📷 注意　Debugger 窗口中，对逻辑表达式的监控往往比对一般的变量监控更加重要，因为程序员很难一眼看清楚比较复杂的逻辑表达式的值，而这些通过对逻辑表达式的监控就会一目了然。

逻辑表达式是指像"a>b""(a**2+b**3)/(c+d)>2"这样的判断条件，其结果是 True 或 False。逻辑表达式是程序判断中的基础，在 if、for、while 等语句中大量存在，逻辑表达式的值直接影响程序的运行结果。

添加变量和逻辑表达式的监控的方法如下。首先，单击代码的某一行之前位置，例如，在代码第 4 行之前设置断点并进入 Debug 状态（源码见本书配套的代码 4-1）。图 4-7 所示是程序进入 Debug 状态。

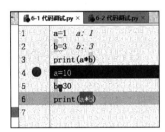

图 4-7　程序进入 Debug 状态

然后，选中图 4-7 中第 6 行的 a*b，按"Ctrl+C"键复制。图 4-8 所示是 Debug 状态中的 Debugger 窗口。

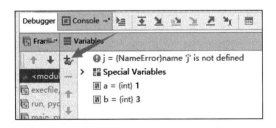

图 4-8　Debug 状态中的 Debugger 窗口

接着，单击"+"，Debugger 窗口中出现空白框如图 4-9 所示。

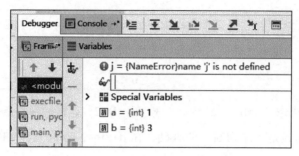

图 4-9   Debugger 窗口中出现空白框

最后，将光标定位到图 4-9 所示的空白框中，按 " Ctrl+V " 键，粘贴刚刚复制的逻辑表达式，再按回车键。如图 4-10 所示，Debugger 窗口中显示 a*b 的值。

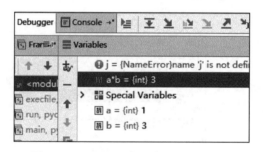

图 4-10   Debugger 窗口中显示 a*b 的值

图 4-10 中显示 a*b 的值是 3，其类型是 int，即整数。

下面看监控布尔变量的示例。图 4-11 所示是在 Debugger 中监控逻辑表达式的值（见本书配套的代码 4-2）。同样，在代码中选择 i<100，再复制粘贴到 Debugger 窗口中。

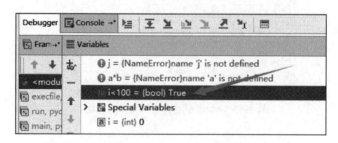

图 4-11   在 Debugger 窗口中监控逻辑表达式的值

如果有多个程序同时调试，Debugger 窗口中会出现所有的变量和逻辑表达式。对其中单独一个程序而言，有的变量或者逻辑表达式或许没用，此时会显示"is not defined"，即"变量没有定义"。如果觉得显示的变量过多，则可以删除一些暂时不用的变量或者逻辑表达式，在界面中找到"－"并单击即可。图 4-12 所示是在 Debugger 中删除监控变量。

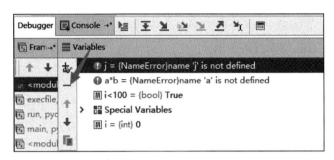

图 4-12　在 Debugger 中删除监控变量

3. 单步调试过程及两种单步调试方式

下面以一段完整的代码（见本书配套的代码 4-1）为例来说明 PyCharm 中单步调试的过程（将断点放在第 4 行上）。

如图 4-13 所示，程序进入 Debug 状态，暂停于第 4 行断点上。

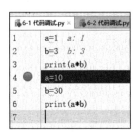

图 4-13　程序进入 Debug 状态，暂停于第 4 行断点上

图 4-14 所示是 Debugger 窗口中的变量值，可以看到 a 的值为 1 。

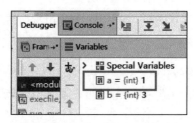

图 4-14　Debugger 窗口中的变量值

图 4-15 所示是在 Debugger 状态下执行单步调试。按 F8 键，程序即执行第 4 行语句 a=10，同时蓝条下移到第 5 行语句上。

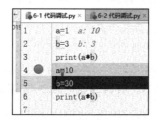

图 4-15　按 F8 键，程序执行第 4 行语句，蓝条下移到第 5 行语句

对比图 4-13 和图 4-15，可以看到 a 的值已经从 1 变为 10。在左下角的 Debugger 窗口中也可以看到 a 值的变化，如图 4-16 所示。

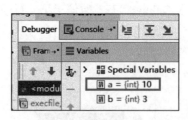

图 4-16　Debugger 窗口中观察 a 值的变化

在程序代码中经常碰到函数，在面临函数调用时有两种程序调试方法：一是进入函数内部调试；二是如果编程者确定函数没有问题，则选择跳过函数（函数还是被执行的），继续向下执行调试过程。图 4-17 所示是程序调试中对于函数的调试方法（图中代码见本书配套的代码 4-3），该代码中有函数 xyz。

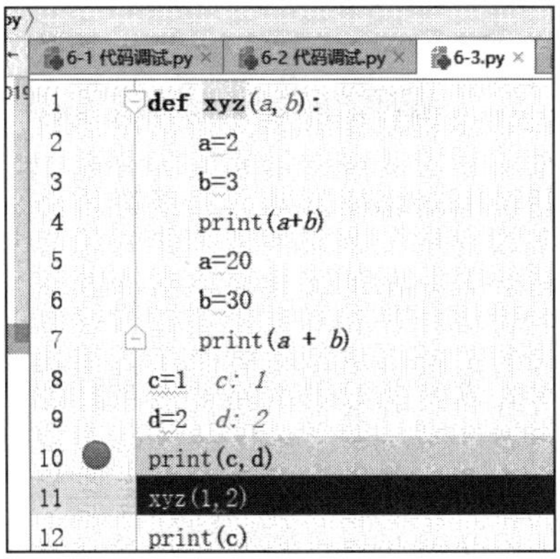

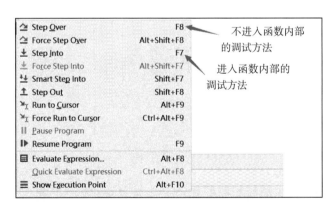

图 4-17 程序调试中对于函数的调试方法

如图 4-17 所示，断点置于第 10 行语句，第 11 行语句调用 xyz 函数。以下介绍两种针对 Python 函数的调试方法。一是 Step Over，热键是 F8。Step Over 表示在语句执行时如果碰到函数会执行函数但是不进入函数内部。二是 Step Into，热键是 F7。Step Into 表示在语句执行时如果碰到函数则会执行该函数并且进入函数内部。图 4-18 所示是程序调试中的 Step Over 和 Step Into 方法。

图 4-18 程序调试中的 Step Over 和 Step Into 方法

按图 4-18 所示操作完成后，按 F7 键（Step Into）进行程序调试并进入函数内部，如图 4-19 所示。

若在操作完成后按 F8 键，则蓝条直接移动到第 12 行。

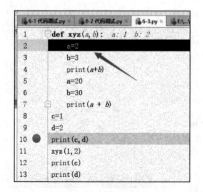

图 4-19　按 F7 键进行程序调试并进入函数内部

4. 单步过程中进行断点之间的跳转

在比较长的代码段中，经常会设置多个断点，下面介绍如何设置多个断点以及在断点之间跳转。如图 4-20 所示，在代码中有多个断点（见本书配套的代码 4-3）。

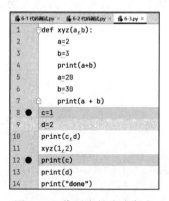

图 4-20　代码中的多个断点

如图 4-20 所示，代码的第 8 行和第 12 行上均设置了断点，进入 Debug 状态，第 8 行上即出现蓝条。图 4-21 所示是程序断点之间跳转的热键。

5. 包含循环结构的程序调试过程

以上介绍的都是比较简单的程序调试过程，以下以一个比较复杂的包含多重循环的案例来说明程序调试过程（见本书配套的代码 4-4）。该代码的断点设在第 9 行，也就是第一层循环的起始位置，图 4-22 所示是 Debugger 窗口，即代码进入 Debug 状态。

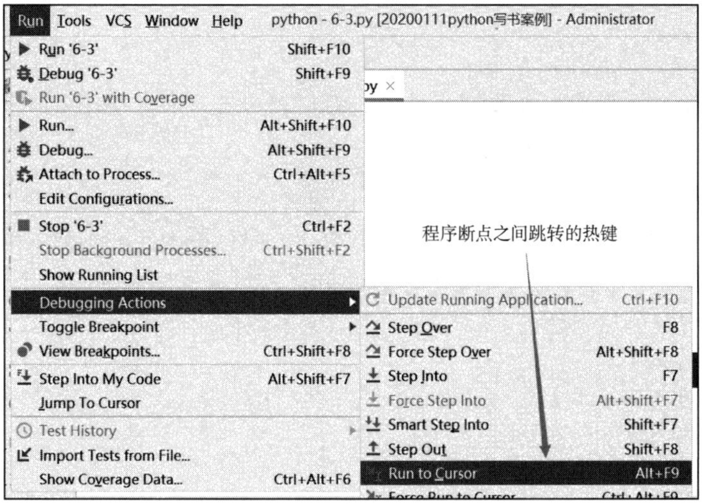

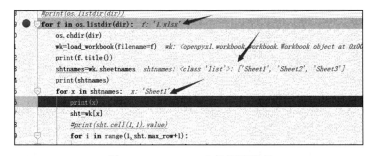

图 4-21　程序断点之间跳转的热键

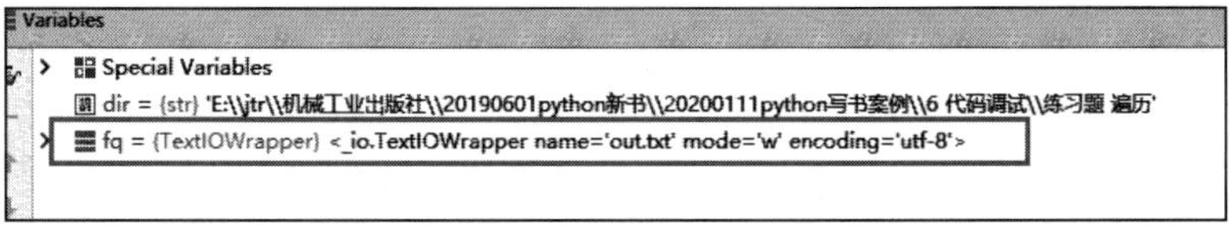

图 4-22　代码进入 Debug 状态

图 4-22 中的 fq 是 Text 文件，在 Debugger 窗口中 fq 是一个文本流，文件名为 out.txt。多次按 F8 单步键进入循环语句中，图 4-23 所示是 PyCharm 中的代码状态。

图 4-23　PyCharm 中的代码状态

PyCharm 的调试界面的功能设计得比较强大，在代码执行窗口可以清晰地观察到变量值，如图 4-23 所示。同时，一些比较复杂的数据结构的值也可以显示出来，如列表等。

观察代码 4-4 所涉及的源数据文件"2.xlsx"，可知文件"2.xlsx"的工作表 Sheet3 中存在着内容是"陆家嘴"的单元格。

执行代码 4-4，遍历源文件，找到其中含有单元格内容为"陆家嘴"的数据，返回对应的工作簿名称、工作表名称、目标单元格所在的行与列，如下所示：

```
1.Xlsx Sheet1 2 1
1.Xlsx Sheet3 2 1
3.Xlsx Sheet1 2 1
3.Xlsx Sheet3 2 1
3.Xlsx Sheet4 1 1
3.Xlsx Sheet4 2 1
```

代码 4-4 的执行结果中却没有"2.xlsx"，这意味着文件"2.xlsx"中并不包含"陆家嘴"的内容，出现了错误。

那么这种情况下如何采用单步方式进行调试并且查找代码错误的原因呢？图 4-24 所示是代码 4-4 中四重循环的代码部分。

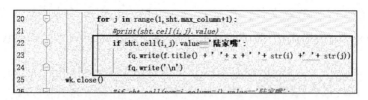

图 4-24　代码 4-4 中四重循环的代码部分

图 4-25 所示是代码中判断单元格内容是否为"陆家嘴"的逻辑表达式被放入 Debugger 窗口中。在图 4-25 的代码中，22 ～ 24 行是对程序中遍历的数据进行判断：如果 Excel 工作表中的单元格的内容是"陆家嘴"，则将该单元格所在的工作簿名称、工作表名称、行号和列号写入目标文本文件，将判断的逻辑表达式放入 Debugger 窗口进行监控。

图 4-25　判断单元格内容的逻辑表达式被放入 Debugger 窗口中

　　继续按 F8 键，执行程序到相应位置。上述程序问题是原始数据文件 2.xlsx 的 Sheet3 中不包含 "陆家嘴"，需要多次按 F8 键才能运行到相应的数据位置。图 4-26 所示是程序运行到数据文件 2.xlsx 的工作表 Sheet3 时 Debugger 窗口中的内容。

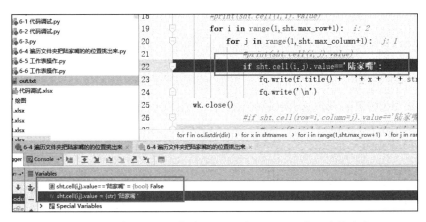

图 4-26　程序运行到工作表 Sheet3 时 Debugger 窗口中的内容

　　当程序运行到上述位置时，数据文件 2.xlsx 中的单元格内容粗看上去确实是 "陆家嘴"，但是逻辑表达式的值却是 False，这让我们不由得仔细观察单元格内容。图 4-27 所示是代码 4-4 调试过程中的相关值。

图 4-27　代码 4-4 调试过程中的相关值

　　仔细观察 Debugger 窗口中的相关值，发现 '陆家嘴　' 中似乎有一个空格。为了验证该观察，打开数据文件，图 4-28 所示是原始数据文件的工作表 Sheet3 中单元格的值。

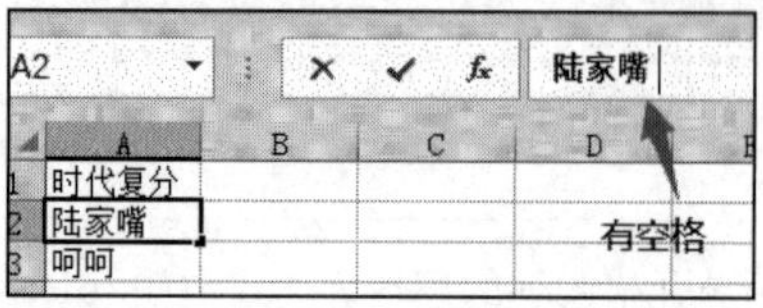

图 4-28　原始数据文件的工作表 Sheet3 中单元格的值

这样我们就找到了问题的原因。原因就是数据文件的工作表 Sheet3 中的单元格内容"陆家嘴"多了一个空格，这种问题用肉眼很难看出来，只能依靠单步工具并结合仔细观察。

最后介绍代码错误定位的问题。一般程序编译器在代码出错时，可以给出错误代码所在的行号，但是 Python 代码在这方面比较复杂。因为 Python 程序很多情况下都要调用包，一旦程序出错，有可能是程序在调用包的时候出错，这时出现的错误行号和错误原因往往会让编程者觉得莫名其妙，见如下代码（见本书配套的代码 4-5）：

```
import openpyxl
import xlsxwriter
wk=openpyxl.load_workbook("demo11.xlsx")
sht=wk[" 嘟嘟 0"]
wk.remove(sht)
wk.save("demo.xlsx")
wk.close()
print('done')
```

在以上代码中，文件 demo11.xlsx 是不存在的，程序运行到第 4 行语句会出错，图 4-29 所示是代码中的运行错误。

在图 4-29 中显示了两种错误：一是显示错误语句的行号是 4，错误原因是 FileNot-FoundError，即文件找不到；二是代码执行到包里面的错误，如 line 174、line 121，174 和 121 是包里面出错代码的行号。在调试程序时，对于如行 174 和 121 的错误可以忽略，一般的编程者看不懂这些提示，对调试程序没有什么帮助。

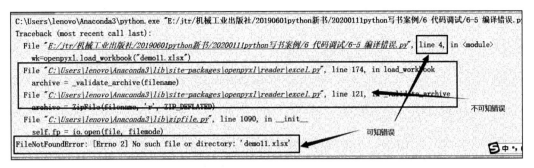

图 4-29　代码中的运行错误

4.3.2　程序调试的基本方法

程序调试的方法很多，比较常见的有以下几种。

1. 查询法

百度网上的资源很多，其实大部分有清晰的原因描述的错误都可以去百度上查询，不过百度上查询结果的质量不能得到保证，有些解释也未必对，需要自己做判断。

2. 删除法

删除法，或者叫屏蔽法，有时候也称挖洞法。这种方法的基本原理是排除或者隔离检查区域，当我们搞不清楚代码哪里出问题时，可以考虑将代码分段并屏蔽掉。屏蔽的方法有两种，一是直接删除，二是在代码前面加"#"，将代码变成注释。

屏蔽法的作用在于快速诊断出程序的问题代码所处的大致位置，在对代码量较大的代码进行调试时，屏蔽法尤其重要。

3. 断点法

断点法之前介绍过很多，一般来说，断点设置有以下两种情形。

❑ 在怀疑有问题的地方设断点。如果对程序的某个地方比较怀疑，或者根本就看不懂，那么就在该处设断点。

❑ 在复杂循环的起点设断点。初学者在碰到复杂循环语句时，应当尽量设置断点来辅助程序调试和理解代码。我们往往在复杂循环的起点，也就是最外面一层循环的起点开始程序调试。

4. 简化法

简化法就是采用小数据集进行程序的调试。例如，我们要处理一个包含 5000 行数据的 Excel 文件，就会发现要检查 5000 行数据的运行结果是比较困难和耗时的。此时，我们可以建立一个测试文件，将这 5000 行数据精简到只剩下 10 行，如果数据列数比较多，比如有 20 列，我们也可以精简到只有 3 到 4 列。这样，我们就能在一个小数据集的范围内调试程序，这要方便和快速很多。

Excel 和 Text 文件的读写操作

虽然 Python 可以读写多种格式的数据文件，但是在我们的工作中，Excel 文件还是使用最多的文件格式，也有公司为了节约硬盘空间把数据放在 Text 文件或者 CSV 文件中，下面我们通过这两种文件的读写来对相关的包进行讲解。

5.1 Text 文件读写包

Open 语句可以打开和创建 Text 文件：在文件存在时，即打开文件（此时操作会覆盖文件，实际上就是删除文件后重新创建）；当文件不存在时，即创建文件。代码如下（见本书配套的代码 5-1）：

```
import sys
print(sys.argv[0])
print(__file__)
print(sys.path[0])
q=open(sys.path[0] + "\out.txt","w",encoding='utf-8')
q.write('这个是测试一下')
q.close()
```

```
print('done')
```

sys.argv[0] 和 __file__ 表示 .py 文件的完整路径与文件名，sys.path[0] 表示本文件的
路径。图 5-1 所示是以上代码的运行输出内容。

```
C:\Users\DELL\Anaconda3\python.exe "E:/jtr/机械工业出版社/20190601python新书/20200111python写书案例/4
E:/jtr/机械工业出版社/20190601python新书/20200111python写书案例/4 excel和txt的读写/4-1 txt读写.py
E:/jtr/机械工业出版社/20190601python新书/20200111python写书案例/4 excel和txt的读写/4-1 txt读写.py
E:\jtr\机械工业出版社\20190601python新书\20200111python写书案例\4 excel和txt的读写
done
```

图 5-1　运行输出内容

比较有趣的是，sys.argv[0] 和 __file__ 的路径中的连接符与 sys.path[0] 中的有所
不同，图 5-2 所示是几种路径表示方式中的不同的路径连接符。

```
E:/jtr/机械工业出版社/20190601python 新书/20200111python 写书案例/4 excel 和 txt 的读写/4-
1 txt 读写.py
E:/jtr/机械工业出版社/20190601python 新书/20200111python 写书案例/4 excel 和 txt 的读写/4-
1 txt 读写.py
E:\jtr\机械工业出版社\20190601python 新书\20200111python 写书案例\4 excel 和 txt 的读写
```

图 5-2　几种路径表示方式中的不同的路径连接符

这些都是编程工作中的细节，需要编程者在实际编程工作中仔细体会。

如图 5-3 所示，对 open 语句进行详解：创建文本文件时，文件路径中需要有 "\"
连接符将路径和文件名连接起来；"w" 表示以 "写" 方式创建名称为 out.txt 的文本文件；
文件的编码方式是 UTF-8。

```
print(__file__)
print(sys.path[0])              ← 目录连接符
q=open(sys.path[0] + "\out.txt","w",encoding='utf-8')
q.write('这个是测试一下')
q.close()                        写方式
```

图 5-3　详解 open 语句

> **注意** 如果已经存在 out.txt 的文件，那么 open 语句会覆盖原文件生成新文件。

利用 q.write() 语句在 out.txt 文件中写入一个字符串，q.close() 用于存盘并关闭。

注意　q.close() 中的 () 不能省略，表示该命令不需要参数。如果省略 ()，虽然该语句运行时不会报错，但是无法生成目标文本文件。

再看一个执行循环生成文本文件的例子（见本书配套的代码 5-2），在 fq 文本文件中写入 999 行语句，并且存盘退出。

```python
import os
import sys
print(sys.argv[0])
print(__file__)
print(sys.path[0])
fq=open(sys.path[0] + "\out1.txt","w",encoding='utf-8')
for i in range(1,1000):
  fq.write(' 哈哈 '+ str(i)+'\n')
fq.close
print('done')
```

注意　\n 是 Python 中的换行符。

5.2　Excel 读写的四重循环

关于 Excel 文件读写的 Python 包主要有两个——openpyxl 和 xlsxwriter。对这两个包的掌握，是本书的重点任务之一，虽然后面我们也会详细地讲解数据处理神器 pandas，但是它并不能完全取代 openpyxl 和 xlsxwriter。

在介绍具体的代码之前，先介绍什么是对象以及什么是面向对象的编程。

以我们经常使用的 Excel 文件为例来介绍什么是对象。一个 Excel 文件就是一个对象，Excel 文件中的工作表也是一个对象，一个单元格也是一个对象，一个单元格中的批注也是一个对象。

面向对象的编程对我们来说有什么好处呢？我们在编程的时候经常需要知道一个

Excel 文件有多少个工作表，以及在处理工作表的时候需要知道一个工作表的最大行是多少，此时就需要用到"属性"和"方法"这两个重要概念。

属性是对象的静态特征。例如，椅子就是一个对象，该对象中包括很多元素，如重量、高度、颜色、价格等。而重量、高度、颜色、价格等都是椅子的静态特征，这种静态特征被称为"属性"。

椅子这一对象也具有动态特征，例如，从左往右搬动椅子 10 米、抬高椅子 1 米等，我们把对象的动态特征称为"方法"。

在了解了对象、对象的属性和方法之后，面向对象的编程就变得简单很多了。笔者经常对学员说，只要熟悉了编程的基本技巧，包括变量定义、循环和调试程序，之后要在编程方面进阶，主要就是熟悉及掌握 Python 的各种包和对象了。

下面是 Python 采用 openpyxl 读取 Excel 文件的示例，代码如下（见本书配套的代码 5-3）：

```python
# coding=utf-8
# 把一个文件夹里面所有的 .xlsx 文件读取出来，并且把每一个文件的所有工作表都进行处理，放
  到 .txt 文件中
import openpyxl
from openpyxl.reader.Excel import load_workbook
import sys
import os
dir=sys.path[0] + '\ 练习题 '
fq=open('out.txt','w',encoding='utf-8') # 打开文件，写权限
for wjm in os.listdir(dir):# 第一重循环，循环处理文件夹里面的每一个文件
  os.chdir(dir)
  wk=load_workbook(filename=wjm)
  gzb= wk.sheetnames
  for x in range(len(gzb)): # 第二重循环，循环处理 Excel 文件中的每一个工作表
    sheet1=wk[gzb[x]]
    print(wjm+'   '+sheet1.title)
    for i in range(1,sheet1.max_row+1):# 第三重循环，处理工作表中的每一行
      chuan=''
      for j in range(1,sheet1.max_column+1):# 第四重循环，处理每一行中的每一列
        chuan='%s%s%s' % (chuan, ',', sheet1.cell(row=i,column=j).value)
```

```
        chuan=chuan[1:]# 获得从第二个开始到末尾的字符串
        fq.write(chuan+'\r\n')
fq.close
print('it is over')
```

在以上代码中，先导入了 openpyxl 包，又通过 openpyxl 包中导入了 load_workbook 方法，同时导入了 sys 和 os 包。sys 包代表"系统包"，os 代表"操作系统包"。

"dir=sys.path[0] + '\ 练习题 '"表示获得要处理的案例的完整路径并且赋予变量 dir。

" fq=open('out.txt','w',encoding='utf-8') "表示创建一个文件名叫作 out.txt 的输出文件。

后面的代码包括了一个四重循环，这是本书的关键内容之一，希望读者能够认真体会，熟练掌握。

os.listdir(dir) 是一个对象，该对象的内容是 dir 路径下面的所有文件，可以将 os.listdir(dir) 理解为 dir 路径下面所有文件的集合。第一层循环就是对文件夹下的所有文件进行循环操作。os.chdir(dir) 命令将文件管理器的操作界面转到 dir 目录下，随后用 load_workbook 打开文件夹下的文件，gzb 是一个对象，该对象是 wk 文件中的所有工作表的集合。第二层循环是对一个工作簿里面的工作表进行循环，len(gzb) 是工作簿中的工作表的数量。第三层循环是从一个工作表的第一行到最后一行进行循环操作。第四层循环是从一个工作表的某一行的第一个单元格到最后一个单元格进行循环操作。

以上就是 Python 处理 Excel 文件的四重循环，建议读者在编程过程中参照此循环结构，在此结构的基础上进行改动。

下面对 openpyxl 和 xlsxwriter 这两个包做系统性介绍。

5.3 openpyxl 包

openpyxl 是对 Excel 文件进行读写操作的包，包名字中的" py"表示 Python，" xl"

表示 Excel 文件，所以 openpyxl 从字面上理解就是"在 Python 中打开并操作 Excel 文件"。openpyxl 包的主要功能包括打开 Excel 文件、创建工作表、对 Excel 单元格进行操作等。

openpyxl 包有两种安装方式。一是直接安装 Anaconda，因为 Anaconda 包含了 openpyxl 包，所以 openpyxl 包也会随之安装完成。二是在 DOS Prompt 下通过 pip install 命令进行安装，具体命令如下：

```
Pip install openpyxl。
```

openpyxl 对 Excel 文件的操作可以分为两种：一是创建一个新的 Excel 文件，二是打开一个已经存在的 Excel 文件。至于 Excel 文件的删除，Python 有专门的文件删除命令，与 openpyxl 无关。

创建 Excel 文件的命令如下（见本书配套的代码 5-4）：

```
from  openpyxl import  Workbook
wb = Workbook()
ws = wb.active
```

打开一个已经存在的 Excel 文件，命令如下（见本书配套的代码 5-5）：

```
from openpyxl  import load_workbook
wb = load_workbook('1.xlsx')
```

Python 删除 Excel 文件的命令为"os.remove（文件名）"（见本书配套的代码 5-6）：

```
import os
os.remove("demo.xlsx")
```

如果要在 Excel 文件中创建一个工作表，命令为：

```
ws1 = wb.create_sheet("Mysheet")
```

通过以上命令创建工作表 mysheet，并将此工作表放在工作簿最后一个工作表的位置上。

如果要定位某一个工作表，命令如下：

```
ws3 = wb["New Title"]
ws4 = wb.get_sheet_by_name("New Title")
```

如果要显示工作簿中的工作表的名字，命令为：

```
print(wb.sheetnames)
```

如果要遍历工作簿，命令如下：

```
for sheet in  wb:
...
print(sheet.title)
```

如果要对单元格进行访问，有两种方法。第一种方法的代码如下：

```
C=ws['A1']
```

第二种方法是对行和列进行直接定义，代码如下：

```
d = ws.cell(row=4, column=2, value=10)
```

如果要对工作表的行和列进行循环操作，代码如下：

```
for i in range(1,10):
   for j in range(1,100):
     ws.cell(row=i, column=j)=1
```

openpyxl 包具有数据切片的功能，在第 5 章会对切片进行详细的解释，因此这里不再赘述，读者如果感兴趣，可以自行查阅后面内容。

获取 Excel 文件的最大行和最大列的语句如下：

```
print(sheet.max_row)
print(sheet.max_column)
```

 注
意　获取 Excel 的最大行和最大列是使用 openpyxl 包的重点，而这一操作也是实现程序循环结构的重点。

sheet.rows 是一个对象，该对象由工作表的多个行组成，代码如下（见本书配套的代码 5-7）：

```
from openpyxl  import load_workbook
wb = load_workbook('1.xlsx')
sheet=wb['Sheet1']
for row in sheet.rows:
  for cell in row:
    print(cell.value)
```

以上代码可将 Excel 文件的工作表的内容读入 sheet.rows 对象中，并且分行显示出来。表 5-1 所示是源数据"1.xlsx"（见本书配套的文件夹"5 excel 和 txt 的读写"）中的内容。

程序运行的结果如下：

姓名
年龄
体重
张三
10
30
李四
11
40
王五
12
50

表 5-1　源数据"1.xlsx"中内容示例

姓名	年龄 / 岁	体重 /kg
张三	10	30
李四	11	40
王五	12	50

openpyxl 对于工作表的标签配置颜色的命令如下：

```
sheet.sheet_properties.tabColor="1072BA"
```

注意　上述颜色值采用的是十六进制的数字，不是我们平时使用的十进制数字。

删除工作表的命令如下：

```
del wb['sheet3']
```

当整个操作结束后，文件存盘的命令是：

```
wb.save('1.xlsx')
wb.close()
```

以下代码是对单元格格式的操作，代码如下（见本书配套的代码 5-8）：

```
from openpyxl.styles import Font, colors, Alignment
```

以上语句即从 openpyxl.styles 中导入 font、colors、alignment 这些关于字体、颜色和位置的对象。

```
bold_itatic_24_font = Font(name=' 等线 ', size=24, italic=True, color=colors.
  RED, bold=True)
sheet['A1'].font = bold_itatic_24_font
sheet['B1'].alignment = Alignment(horizontal='center', vertical='center')
# 第 2 行行高
sheet.row_dimensions[2].height = 40
# C 列列宽
sheet.column_dimensions['C'].width = 30
sheet.merge_cells('B1:G1') # 合并一行中的几个单元格
sheet.merge_cells('A1:C3') # 合并一个矩形区域中的单元格
sheet.unmerge_cells('A1:C3')
```

在以上代码中，首先定义了 bold_itatic_24_font，这个类定义了单元格的字体、斜体、颜色、尺寸等，然后依次定义了行高和列宽以及合并单元格、取消合并单元格等动作，再应用这些格式和动作。

5.4　xlsxwriter 包

xlsxwriter 包也是对于 Excel 文件进行读写操作的包，xlsxwriter 从字面上理解就是"在 Python 中写 Excel 文件的包"。

xlsxwriter 包的主要功能包括创建 Excel 文件、创建工作表、对 Excel 单元格进行写操作等。

下面看 xlsxwriter 应用的例子，代码如下（见本书配套的代码 5-9）：

```
import xlsxwriter
wk = xlsxwriter.Workbook('demo.xlsx')
sheet = wk.add_worksheet('sheet123')
sheet.write(0,0,190)
sheet.write(2,3,' 测试 ')
wk.close()
print('done')
```

以上代码表示，导入 xlsxwriter 包，创建"demo.xlsx"文件，用 add_worksheet 方法为创建的 Excel 文件添加名为"sheet123"的工作表，并且在相应的单元格中添加内容，最后文件存盘关闭。

xlsxwriter 包提供了多种多样的写 Excel 文件的方法，代码如下（见本书配套的代码 5-10）：

```
import xlsxwriter
wk = xlsxwriter.Workbook('demo.xlsx')
sheet = wk.add_worksheet('sheet123')
sheet.write_string(1,1,"Python test")# 写入字符串类型数据
sheet.write_number(1,2,12)# 写入数字型数据
sheet.write_blank(1,3,"  ")# 写入空类型数据
sheet.write_formula(1,4,"=c2*10")# 写入公式型数据
sheet.write_boolean(1,5,True)# 写入逻辑型数据
sheet.write_url(1,6,"http://www.sina.com.cn")# 写入超链接型数据
wk.close()
print('done')
```

从以上代码可以看出，xlsxwriter 包中的 write 方法分类很细致，可以往 Excel 单元格中写入字符串、数字、空格、公式、布尔值以及超链接。

注意 用 xlsxwriter 创建文件时，系统界面中并不真正出现 Excel 文件，被创建的文件在内存中，当前不可见，只有当文件存盘关闭后才能看到文件及其变化。

如果要设置 Excel 文件的行高和列宽，可以使用以下方法：

```
# 设置 sheet 表单元格列宽
ws.set_column(0,3,40) # 设定第 1 到 4 列的列宽为 40
ws.set_column("A:A", 40) # 设定 A 列列宽为 40
```

```
ws.set_column("B:D", 15) # 设定 B、C、D 三列的列宽为 15
ws.set_column("E:F", 50) # 设定 E、F 列的列宽为 50
```

如果需要设置格式，可以采用以下代码：

```
property = {
            'font_size': 20,# 字体大小
            'bold':True, # 是否加粗
            'align': 'left',# 水平对齐方式
            'valign': 'vcenter',# 垂直对齐方式
            'font_name': u' 微软雅黑 ',
            'text_wrap': False,  # 是否自动换行
            }
cell_format = wk.add_format(property)
sheet.write(2,2,"people",cell_format)
```

在以上代码中，首先生成一个 property 的格式对象，然后用 add_format 来添加具体格式，最后用 write 方法写 Excel 文件。

xlsxwriter 包可以往单元格里面插入图片，代码如下（见本书配套的代码 5-11）：

```
img_format={
            'x_offset': 8,# 水平偏移
            'y_offset': 14,# 垂直偏移
            'x_scale': 0.018,# 水平缩放
            'y_scale': 0.018,# 垂直缩放
            'url': None,
            'tip': None,
            'image_data': None,
            'positioning': None
            }
sheet.insert_image(1,1,'1.jpg',img_format)
```

以上代码中，x_offset 和 y_offset 表示水平方向和垂直方向上的偏移量，x_scale 和 y_scale 表示水平方向和垂直方向上的缩放比例，如果图形比较大或者图片像素比较高，缩放比例就应该放得较小，url 表示图片的网址链接。

数据处理神器 pandas

Python 中有几个著名的数据处理包，这些包是我们处理数据最重要、最常用的工具之一，例如 pandas、NumPy 和 SciPy 包，其中 pandas 包号称数据处理神器。

6.1 pandas 的安装

如果安装了 Anaconda，那么 pandas 即会被自动安装。图 6-1 所示是 PyCharm 中 Anaconda 解释器的 pandas 包。

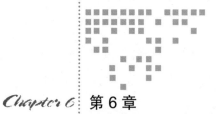

olefile	0.46	0.46
openpyxl	2.5.6	➡ 3.0.3
openssl	1.0.2p	➡ 1.1.1d
orange3	3.16.0	➡ 3.23.1
packaging	17.1	➡ 20.1
pandas	0.23.4	➡ 1.0.1
pandoc	1.19.2.1	➡ 2.2.3.2
pandocfilters	1.4.2	1.4.2
parso	0.3.1	➡ 0.6.1
partd	0.3.8	➡ 1.1.0
path.py	11.1.0	➡ 12.4.0
pathlib2	2.3.2	➡ 2.3.5
patsy	0.5.0	➡ 0.5.1
pep8	1.7.1	1.7.1

图 6-1　Anaconda 解释器的 pandas 包

如果没有安装 Anaconda 软件，就可以在 DOS Prompt 下用 pip install pandas 命令进行安装。图 6-2 所示是 DOS Prompt 下安装 pandas 的界面。

```
C:\Users\DELL>pip install pandas
Collecting pandas
  Downloading https://files.pythonhosted.org/packages/b8/3a/8982a33ea8cf3d729af7e9757aa30d1ad
/pandas-1.0.1-cp36-cp36m-win_amd64.whl (8.8MB)
    100% |████████████████████████████████| 8.8MB 8.8kB/s
Collecting pytz>=2017.2 (from pandas)
  Retrying (Retry(total=4, connect=None, read=None, redirect=None)) after connection broken
```

图 6-2　DOS Prompt 下安装 pandas 的界面

安装成功后在 DOS Prompt 中用 pip list 命令进行查看。图 6-3 所示是用 pip list 命令查看 pandas 包的输出结果。

```
C:\Users\DELL>pip list
DEPRECATION: The default forma
format=(legacy|columns) in yo
altgraph (0.16.1)
apyori (1.1.1)
docx (0.2.4)
future (0.17.1)
lxml (4.2.5)
macholib (1.11)
numpy (1.15.4)
Orange3-Associate (1.1.5)
pandas (1.0.1)
pefile (2018.8.8)
Pillow (5.3.0)
pip (9.0.1)
pyinstall (0.1.4)
PyInstaller (3.4)
python-dateutil (2.8.1)
python-docx (0.8.7)
pytz (2019.3)
```

图 6-3　用 pip list 命令查看 pandas 包

注
意　当用 pip install pandas 命令时，请注意计算机应处于联网状态。

6.2　pandas 的数据结构

pandas 有三种数据结构，分别是一维、二维和三维数据结构。其中一维和二维数据结构用得最多，尤其是二维数据结构，在处理 Excel 文件等平面数据时发挥了巨大的作用。

先介绍一维数据结构，代码如下（见本书配套的代码 6-1）：

```
import pandas as pd
df=pd.Series()
print(df)
```

在以上代码中，先导入了 pandas 包，并且把 pandas 包的功能赋给 pd 对象，然后采用 Series 方法建立一维数据结构 df，接着输出 df 的内容。

除上述方法以外，一维数据结构还有其他的建立方法，代码如下（见本书配套的代码 6-2）：

```
import pandas as pd
import numpy as np
data=np.array([1,2,3,4])
s=pd.Series(data)
print(s)
```

以上代码分别导入了 pandas 和 NumPy 数据包，第三句代码用于生成一维数组 [1,2,3,4]，第四句代码表示从该数组中导入数据并生成一维数据结构 s。

以下代码（见本书配套的代码 6-3）将 numpy 数据结构作为数据帧的内容，同时增加了数据帧的索引：

```
import pandas as pd
import numpy as np
data = np.array(['a','b','c','d'])
s = pd.Series(data,index=[100,101,102,103])
print(s)
```

以上代码相对于之前的方法增加了对索引（index）的定义，运行结果如下：

```
100     a
101     b
102     c
103     d
dtype: object
```

从以上运行结果可以看出，100、101、102、103 等构成了 Series 的索引，也相当于数据的行标签。

以下代码（见本书配套的代码 6-4）从字典结构中获取数据并导入 Series 数据结构。

```
import pandas as pd
import numpy as np
data = {'a' : 0., 'b' : 1., 'c' : 2.}
s = pd.Series(data)
print(s)
```

下面介绍 pandas 的数据帧，这是本书的一大重点。示例代码见本书配套的代码 6-5：

```
import pandas as pd
f=pd.DataFrame()
print(f)
```

创建数据帧的方法是 ".DataFrame"，其中 python 对象的方法之前加上 "."，输出如下：

```
Empty DataFrame
  columns: []
  index: []
```

在以上输出结果中，有索引 index 和 columns。index 可以理解为数据帧的行标签，columns 则为数据帧的列标签。

看以下代码（见本书配套的代码 6-6）：

```
import pandas as pd
data=[1,2,3,4,5]
f=pd.DataFrame(data)
print(f)
```

以上代码表示从一维数组中创建数据帧，输出结果如下：

```
   0
0  1
1  2
2  3
3  4
4  5
```

在以上程序中，数据帧和普通的数据结构的差别是前者有 index。index 可以由系统自动生成，也可以由代码指定生成。

再看以下代码：

```
data=[[' 猪猪 ',10],[' 狗狗 ',20],[' 猫猫 ',30]]
f=pd.DataFrame(data,columns=[' 姓名 ',' 数量 '])
print(f)
```

代码的运行结果如下：

```
    姓名   数量
0   猪猪   10
1   狗狗   20
2   猫猫   30
```

以上运行结果是一个比较完整的数据帧，该结构中有 index 和 columns，也有相关的数据。

本书配套的代码 6-6 的后续部分比较简单，不再赘述。

下面进入数据帧的操作部分，代码如下（见本书配套的代码 6-7）：

```
import pandas as pd
# 列选择
d = {'one' : pd.Series([1, 2, 3], index=['a', 'b', 'c']),
     'two' : pd.Series([1, 2, 3, 4], index=['a', 'b', 'c', 'd'])}
df = pd.DataFrame(d)
print(df ['one'])
print('***************************************************')
print(df ['two'])
# 列添加
df['three']=pd.Series([10,20,30,40],index=['a', 'b', 'c', 'd'])
df['four']=pd.Series([100,200,30,400],index=['a','b','c','d'])
print('***************************************************')
print(' 现在是添加列之后的内容 ')
print(df)
df['sum']=df['one']+df['two']+df['three']
print('***************************************************')
```

```
print(' 现在是添加合计列之后的内容 ')
print(df)
# 开始删除列数据
del df['one']
print('********************************************')
print(' 现在是删除列之后的内容 ')
print(df)
print(' 哇，结果竟然不刷新！！！ ')
```

以上代码在生成数据帧 df 后，实现了按照列进行切片的功能。df['one']、df['two'] 按照列进行切片操作，不同的切片之间可以进行数学运算，既可以通过 df['sum']=df['one']+df['two']+df['three'] 实现了三列数据相加，也可以用 del 语句删除某个列。

在进入数据帧的强大功能介绍之前，我们介绍关于数据帧的一些基本操作，代码如下（见本书配套的代码 6-8）：

```
if p.empty==True:
        print(' 这个数据帧是空的 ')
else:
        print(' 这个数据帧有东西 ')
print(' 数据帧的维数 :'+ str(p.ndim))
print(' 数据帧的长度 :'+ str(p.size))
print(' 数据帧的实际值 :'+ str(p.values))
print(' 数据帧的前几行 :'+ str(p.head(2)))
print(' 数据帧的后几行 :'+ str(p.tail(2)))
```

p.empty 用于判断数据帧是否为空；p.ndim 表示数据帧的维数；p.size 表示数据帧的大小，即数据帧有多少数据；p.head 和 p.tail 分别表示数据帧的前 n 和后 n 个数据。

再看以下的代码：

```
print(df.shape)
print(df.shape[0])
print(df.shape[1])
```

df.shape[0] 和 df.shape[1] 分别表示数据帧的行数和列数，输出如下：

```
(7, 3)
```

7
3

 注
意 df.shape[0] 和 df.shape[1] 非常重要，这是遍历数据帧跑二重循环的基础，使用概
率很高。

6.3 pandas 数据处理

6.3.1 从 Excel 文件中读取数据

首先介绍如何利用 pandas 导入 Excel 数据，代码如下（见本书配套的代码 6-9）：

```python
import pandas as pd
import os
dir=os.path.abspath(os.path.join(os.path.dirname("__file__"),os.path.pardir))
os.chdir(dir)
# 转移到上一级目录
df=pd.read_excel("5.xlsx",sheet_name=" 材料 2",skiprows=6,usecols="b:d")
print(df)
```

在以上代码中，第三句代码表示获得 .py 文件所在目录的上一级目录，第四句代码
表示将操作的工作目录焦点转移到该文件夹。pd.read_excel 语句的功能是从 Excel 文件
中读取数据到数据帧，后面的参数依次表示文件名、工作表名字、跳过的行数（Excel 文
件中的数据一般不会从工作表的第一行开始，所以最起码要跳过一行）以及读取的列。

上述代码所读取的工作表的名字是固定的，如果要依次读取工作簿中的工作表的内
容，该如何处理呢？代码如下（见本书配套的代码 6-10）：

```python
import pandas as pd
from  openpyxl.reader.excel  import  load_workbook
import os
dir=os.path.abspath(os.path.join(os.path.dirname("__file__"),os.path.pardir))
os.chdir(dir)
wk=load_workbook(filename="5.xlsx")
# 转移到上一级目录
```

```
for i in range(0,len(wk.sheetnames)):
    df=pd.read_excel("5.xlsx",sheet_name=wk.sheetnames[i],skiprows=6,usecols="b
      :d")
    print(df)
    print("********************************")
```

以上代码中，首先将"5.xlsx"文件打开，然后进入一个循环语句，循环的指针从 0
到 len(wk.sheetnames)，也就是将"5.xlsx"中所有的工作表打开，并且将工作表的内容
读入到数据帧及输出，循环体的最后一行输出"****************************
*****"，其效果相当于在输出每一个数据帧的内容之后加上间隔。

6.3.2　切片

切片是指对 pandas 中的数据按照行、列或者块进行抓取处理，代码如下（见本书配
套的代码 6-11）：

```
import pandas as pd
import numpy as np
df=pd.DataFrame(np.random.rand(8,4),index=['a','b','c','d','e','f','g','h'],
  columns=['A', 'B', 'C', 'D'])
print(df)
print(df.loc[:,'A'])
print(df.loc[:,['A','C']])
print(df.loc['a':'e',['A','C']])
print(' 开始输出 iloc')
print (df.iloc[:4])
print(df.iloc[:,:2])
print(df.iloc[:,[0,2]])
```

pandas 的切片方法有 loc 和 iloc 两种：loc 按照字母方式进行切片，iloc 按照数字方
式进行切片。loc 和 iloc 两种方法的语法为 [行 , 列]，行和列之间用逗号分隔。

📖 注
意　在 pandas 的切片操作中，逗号表示不连续选择，冒号表示连续选择，例如，[0:5]
表示从 0 到 4。请再次注意，考虑到 Python 的"左闭右开"原则，[0:5] 表示从 0
到 4。

以上代码中，df.loc[:,'A'] 表示 A 列，[:,'A'] 中逗号之前的冒号表示行全选，'A' 表示

只选 A 列，df.loc[:,['A','C']] 表示选择 A 列和 C 列。对于 df.loc['a':'e',['A','C']] 的输出，先来看数据帧 df 的数据，如下所示：

```
     A          B          C          D
a    0.046161   0.663854   0.934178   0.171463
b    0.956523   0.064995   0.087275   0.984214
c    0.633993   0.610844   0.870201   0.796913
d    0.693536   0.877079   0.848460   0.525184
e    0.377731   0.922962   0.823853   0.298281
f    0.402745   0.602630   0.090176   0.693409
g    0.384657   0.323919   0.350831   0.679263
h    0.040574   0.653367   0.785352   0.525047
```

而 df.loc['a':'e',['A','C']] 的输出结果是：

```
     A          C
a    0.046161   0.934178
b    0.956523   0.087275
c    0.633993   0.870201
d    0.693536   0.848460
e    0.377731   0.823853
f    0.402745   0.090176
g    0.384657   0.350831
h    0.040574   0.785352
```

图 6-4 所示是之前切片操作的位置。

```
     A          B          C          D
a    0.791369   0.771596   0.082043   0.051464
b    0.107916   0.675035   0.623910   0.286804
c    0.061101   0.536338   0.247496   0.491312
d    0.003334   0.142352   0.127668   0.927362
e    0.815863   0.463128   0.611752   0.115662
f    0.074521   0.393118   0.856809   0.277821
g    0.660787   0.029827   0.231196   0.056509
h    0.816807   0.090619   0.752083   0.969543
```

图 6-4　切片操作的位置

再看数据切片方式 iloc 的输出。df.iloc[:4] 输出数据帧的前四行数据，df.iloc[:,:2] 和 df.iloc[:,[0,2]] 的切片方式和上述类似，不再赘述。

以下是对数据帧切片方式的拓展内容，代码如下（见本书配套的代码 6-12）：

```
import pandas as pd
import numpy as np
import datetime
df=pd.read_excel(' 财务数据 1.xlsx',sheet_name="Sheet1")
print(df.loc[df[' 类型 ']==' 预收 '])
print(df.loc[(df[' 类型 ']==' 预收 ') & (df[' 城市 ']==' 上海 ')])
print(df.loc[(df[' 类型 ']==' 预收 ') | (df[' 城市 ']==' 上海 ')])
print(df.loc[df[' 日期 ']>datetime.datetime(2020,5,1)])
print(df.loc[df[' 客户 '].str.contains(' 信息 ')])# 包含
print(df.loc[df[' 客户 '].str.contains(' 信息 ')==False])# 不包含
print(df.loc[df[' 客户 '].str.startswith(' 上海 ')])# 以……开始
print(df.loc[df[' 客户 '].str.endswith(' 公司 ')])# 以……结束
print(df.loc[df[' 客户 '].str.match(r'...... 信息 *')])# 模糊匹配
```

通过 df.loc[df[' 类型 ']==' 预收 ']，可以筛选"类型"字段是"预收"的记录。同时，
pandas 支持多条件的数据筛选，在多条件的逻辑表达式中用"&"表示"与"关系，"|"
表示"或"关系，除此之外，也支持"包含""以某字符串开始""以某字符串结束"以及
模糊匹配等多种数据筛选方式。在模糊匹配中，"."表示一个占位符，n 个"."就表示
n 个占位符；"*"代表任意位数的字符。

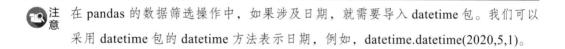

注
意　在 pandas 的数据筛选操作中，如果涉及日期，就需要导入 datetime 包。我们可以
采用 datetime 包的 datetime 方法表示日期，例如，datetime.datetime(2020,5,1)。

pandas 也能实现类似于 Excel 软件中数据透视表的功能，代码如下（见本书配套的代
码 6-13）：

```
import pandas as pd
import matplotlib as plot
import numpy as np
df=pd.read_excel(' 财务数据 2.xlsx',sheet_name="Sheet1",converters={" 年 ":str," 月
    ":str," 公司 ":str})
print(df.describe())
df1=pd.pivot_table(df,index=[" 月 "],columns=[" 年 "],values=[" 营业收入 "," 营业成本
    "],aggfunc="sum",margins="All")
print(df1)
```

程序运行的结果如下：

	营业成本			...	营业收入		
年	2017	2018	2019	...	2019	2020	All
月				...			
Apr	83487.0	111991.0	87424.0	...	84756.0	36369.0	349319
Aug	53704.0	206173.0	81660.0	...	74453.0	90998.0	362332
Dec	78634.0	201312.0	82857.0	...	34993.0	8929.0	347921
Feb	NaN	85316.0	79207.0	...	85412.0	60441.0	239596

以上代码中的 pivot_table 方法中 index 表示行，columns 表示列，values 表示值，aggfunc 表示计算公式，margins 表示显示总计。

6.3.3 排序、筛选与分类汇总

1. 排序

数据操作中最基本的操作是排序筛选和分类汇总。先看排序功能，代码如下（见本书配套的代码 6-14）：

```
import pandas as pd
import numpy as np
df=pd.DataFrame(np.random.rand(10,2),index=[1,4,6,2,3,5,9,8,0,7],columns=['col
    1','col2'])
print(df)
sorted=df.sort_index()# 按照标签排序
print(' 按照标签排序 ')
print(sorted)
print(' 按照标签排序 降序 ')
sorted=df.sort_index(ascending=False)# 按照标签排序
print(sorted)
print(' 按照 col1 进行排序 ')
sorted=df.sort_values(by='col1')
print(sorted)
print(' 按照 col2 进行排序 降序 ')
sorted=df.sort_values(by=' col2' ,ascending=False)
print(sorted)
```

以上代码中排序的方法为 sort_index()，by 用于指定排序的关键字，ascending=False

表示降序。

上述代码的功能是单列排序，而实现多列排序功能的代码如下（见本书配套的代码 6-15 ）：

```
import pandas as pd
df=pd.read_excel(" 排序 .xlsx",sheet_name=" 一个或多个关键字 ",skiprows=0,usecols=
  "a:g")
print(df)
print("*********************************************")
print(' 单列 升序 ')
sorted=df.sort_values(by=' 产品 ',ascending=True)
print(sorted)
print("*********************************************")
print(' 多列 升序 ')
sorted=df.sort_values(by=[' 产品 ',' 数量 '],ascending=[True,True])
print(sorted)
```

在按照多列进行排序时，在 " by " 之后放置列表 [' 产品 ',' 数量 '] 即可。图 6-5 所示是数据帧进行多列排序后的输出结果

	订单 ID	产品	数量	单位成本	接收日期	转入库存	库存
28	93	三合一麦片	100	5.00	2006-04-03	True	37
47	111	啤酒	50	10.00	2006-03-16	True	112
2	90	啤酒	60	10.00	2006-04-28	True	60
32	96	啤酒	100	10.00	2006-04-20	True	82
43	107	啤酒	300	10.00	2006-06-03	True	107
29	93	小米	80	15.00	2006-04-08	True	39
41	105	小米	100	15.00	2006-04-18	True	100

图 6-5　数据帧进行多列排序后的输出结果

除了单列排序和多列排序之外，数据帧还可以实现自定义排序的功能。自定义排序即可以根据指定的序列进行排序，此功能相对于普通的按照数字大小或者字母序的排序方式有了更大的灵活性。代码如下（见本书配套的代码 6-16 ）：

```
import pandas as pd
df = pd.DataFrame({'word':['a','b','c'], 'num':[2,1,3]})
print(df)
list_sorted = ['b', 'a', 'c']
```

```
c= df['word'].astype('category').cat.set_categories(list_sorted)
print(" 排序之后的 ")
print("****************************")
print(c)
```

上述代码实现了自定义排序的功能，代码中使用 astype 的方法，即按照 ['b', 'a', 'c'] 的次序进行排序。

2. 筛选

筛选功能的代码如下（见本书配套的代码 6-17）：

```
import pandas as pd
import numpy as np
df=pd.read_excel(' 筛选 数据源 .xlsx')
print(df)
# 多条件查询
df1=df[df['quantity']>=90000]
print(' 这里要输出大于 90000 的行 ')
print(df1)
df1=df[(df['quantity']>=90000) & (df['quantity']<=92000)]
print(' 第一次查询的结果 ' + str(len(df1)))
df1.to_excel(' 查询结果 .xlsx')
df1=df[(df['quantity']>=90000) & (df['quantity']<=92000) & (df['price']>=80)]
print(' 第二次查询的结果 ' + str(len(df1)))
df1.to_excel(' 查询结果 1.xlsx')
df1.to_excel(' 查询结果 2.xlsx',sheet_name=' 哈哈啊 ',startrow=10,startcol=10)
```

数据帧中的数据筛选的语法结构是"数据帧 [逻辑表达式]"，如 df[df['quantity'] >= 90000]。

> **注意** 在 pandas 的数据筛选功能中，如果涉及多条件筛选，其命令格式为：数据帧 [(逻辑表达式 1) & (逻辑表达式 2) & (逻辑表达式 3) ……]。不要忽略公式中的逻辑表达式外面的 ()，否则程序执行会报错。

to_excel 是 pandas 写数据到 Excel 文件的方法，该命令的参数有工作表名、起始行和起始列等。

pandas 的多条件筛选功能的实现示例见如下代码（见本书配套的代码 6-18）：

```
import pandas as pd
import os
dir=os.path.abspath(os.path.join(os.path.dirname("__file__"),os.path.pardir))
os.chdir(dir)
df=pd.read_excel("2.xlsx",sheet_name="Sheet1",header=0,usecols="a,ee:eo")
print(df)
print(df.shape[0])
print(df.shape[1])
print(df[df['计算人力']>1000])
print("输出计算人力在 1000 以下和 4000 以上的：")
print(df[(df['计算人力']<1000) | (df['计算人力']>4000)])
print(df[(df['计算人力']<1000) | (df['计算人力']>4000)].shape[0])
print("输出计算人力在 2000 和 3000 之间的：")
print(df[(df['计算人力']>2000) & (df['计算人力']<3000)])
print("输出计算人力不小于 2000 的：")
print(df[~(df['计算人力']<2000)])
print(df[((df['计算人力']<1000) | (df['计算人力']>4000)) & (df['累计收入']>
    500000)])
df1=df[((df['计算人力']<1000) | (df['计算人力']>4000)) & (df['累计收入']>
    500000)]
df1.to_excel("6.xlsx")
```

可以看到，多条件筛选与普通筛选功能的代码基本相同，只是需要注意"与或非"
的逻辑关系在代码中的运用即可。

注
意　在 pandas 的筛选操作中，"与"关系用"&"，"或"关系用"|"，"非"关系用"~"。

---

3. 分类汇总

pandas 中的分类汇总功能用 groupby 方法实现，代码如下（见本书配套的代
码 6-19）：

```
import pandas as pd
import numpy as np
ipl_data = {'Team': ['Riders', 'Riders', 'Devils', 'Devils', 'Kings',
        'kings', 'Kings', 'Kings', 'Riders', 'Royals', 'Royals', 'Riders'],
        'Rank': [1, 2, 2, 3, 3,4 ,1 ,1,2 , 4,1,2],'Year': [2014,2015,2014,
        2015,2014,2015,2016,2017,2016,2014,2015,2017],
'Points':[876,789,863,673,741,812,756,788,694,701,804,690]}
df = pd.DataFrame(ipl_data)
```

```
print (df)
print(' 开始输出聚合的结果 ')
print(df.groupby('Team').groups)
print(df.groupby(['Team','Year']).groups)
```

以上代码中数据帧的输出结果是：

```
    Team   Rank  Year   Points
0   Riders   1   2014    876
1   Riders   2   2015    789
2   Devils   2   2014    863
3   Devils   3   2015    673
4   Kings    3   2014    741
5   kings    4   2015    812
6   Kings    1   2016    756
7   Kings    1   2017    788
8   Riders   2   2016    694
9   Royals   4   2014    701
10  Royals   1   2015    804
11  Riders   2   2017    690
```

groupby 可翻译成"聚合"。在上面代码的 Team 字段中有 4 个 Riders，如果按照 Team 做数据聚合，则输出结果如下：

```
{'Devils': [2, 3], 'Kings': [4, 6, 7], 'Riders': [0, 1, 8, 11], 'Royals': [9,
    10], 'kings': [5]}
{('Devils', 2014): [2], ('Devils', 2015): [3], ('Kings', 2014): [4], ('Kings',
    2016): [6], ('Kings', 2017):
```

在以上输出结果中，Riders 对应 [0,1,8,11]，表示 Riders 在索引 0、1、8、11 的位置上出现。

以下代码（见本书配套的代码 6-20）按照"部门"字段进行聚合，并且对聚合的结果进行求和，然后用 iloc 进行切片，如下所示：

```
import pandas as pd
import os
dir=os.path.abspath(os.path.join(os.path.dirname("__file__"),os.path.pardir))
df=pd.read_excel(dir + '/' + '2.xlsx',sheet_name="Sheet1")
print(df)
```

```
print(df.groupby(' 部门 ').sum().iloc[:,[133,134,135,136,137]])
df.groupby(' 部门 ').sum().iloc[:,[133,134,135,136,137]].to_excel(' 结果 .xlsx',
    sheet_name='Sheet1',startrow=2,startcol=5)
df.groupby(' 部门 ').sum().iloc[:,[133,134,135,136,137]].to_excel(' 结果 .xlsx',
    sheet_name='Sheet2',startrow=0,startcol=3)
```

以上代码执行后的输出结果如下：

	计算人力	累计作业量	累计收入	累计人力成本	累计营业成本
部门					
A	13824.515129	1.580454e+08	2.894764e+07	1.543598e+07	1.642131e+06
B	36820.816996	1.695376e+09	5.622021e+07	2.845342e+07	4.826820e+06
C	657.111211	2.578609e+08	1.958034e+07	2.187311e+06	4.117886e+06
D	16288.209889	1.223353e+12	1.284125e+08	2.248552e+07	8.058688e+07
E	0.000000	0.000000e+00	8.956120e+04	2.953663e+03	0.000000e+00

这样我们就得到了按照不同部门计算得出的各项指标。

6.3.4　数据合并

pandas 提供了强大的数据合并的功能，包括 merge 和 append 两种方式，merge 方法相对于 append 方法要更强大一些，代码如下（见本书配套的代码 6-21）：

```
import pandas as pd
import numpy as np
left = pd.DataFrame({
        'id':[1,2,3,4,5],
        'Name': ['A1', 'A2', 'A3', 'A4', 'A5'],
        'xam_id':['xam1','xam2','xam4','xam6','xam5']})
right = pd.DataFrame(
        {'id':[1,2,3,4,5],
        'Name': ['B1', 'B2', 'B3', 'B4', 'B5'],
        'xam_id':['xam2','xam4','xam3','xam6','xam5']})
print (left)
print("===================================")
print (right)

print(' 按照 id 合并: ')
rs=pd.merge(left,right,on='id')
print(rs)
```

```
print("=====================================")
print(" 根据 id xam_id")
rs=pd.merge(left,right,on=['id','xam_id'])
print(' 按照两个表头来做合并的结果: ')
print(rs)

print("=====================================")
print(" 根据 xamject_id, 方式为左 ")
rs = pd.merge(left, right, on='xam_id', how='left')
print (rs)
print("=====================================")
print(" 根据 xamject_id, 方式为右 ")
rs = pd.merge(left, right, on='xam_id', how='right')
print (rs)
print("=====================================")
rs = pd.merge(left, right, how='outer', on='xam_id')# 并集
print(' 这里要输出的是并集 ')
print (rs)
print("=====================================")
print(' 这里要输出的是交集 ')
rs = pd.merge(left, right, on='xam_id', how='inner')
print (rs)
```

以上代码中，数据帧 left 的内容是：

```
   id Name xam_id
0  1   A1   xam1
1  2   A2   xam2
2  3   A3   xam4
3  4   A4   xam6
4  5   A5   xam5
```

数据帧 right 的内容是：

```
   id  Name xam_id
0  1   B1   xam2
1  2   B2   xam4
2  3   B3   xam3
3  4   B4   xam6
4  5   B5   xam5
```

数据帧的 merge 方法有两个关键字——on 和 how，on 关键字定义数据合并的依据字

段，how 定义合并的方式。how 有 left、right、inner、outer 等几种方式：left 表示以语句中左边的数据帧为依据进行合并，right 表示按照语句中右边的数据帧进行合并，inner 表示取两个数据帧的交集，outer 表示取两个数据帧的并集。

语句 pd.merge(left, right, on='id') 表示将两个数据帧 left 和 right 按照字段 id 进行合并，即 id 相同的两个数据帧的记录会被合并在一起，结果如下：

```
   id Name_x  xam_id_x Name_y xam_id_y
0   1   A1      xam1      B1     xam2
1   2   A2      xam2      B2     xam4
2   3   A3      xam4      B3     xam3
3   4   A4      xam6      B4     xam6
4   5   A5      xam5      B5     xam5
```

以上的数据合并的效果相当于使数据"变胖"（横向扩展），具体来说是以 left 和 right 中相同的 id 为基础，把相关的数据字段拼接在一起。

语句 rs=pd.merge(left, right, on=['id','xam_id']) 按照两个字段合并，需要两个字段的值都相同才会把相应的记录合并在一起，输出结果如下：

```
  id Name_x xam_id Name_y
0  4   A4    xam6    B4
1  5   A5    xam5    B5
```

语句 rs = pd.merge(left, right, on='xam_id', how='left') 中的 how='left' 中的 left 是关键字（保留字），left 关键字表示按照语句左边的数据帧进行合并，输出结果如下：

```
   id_x Name_x xam_id  id_y Name_y
0    1    A1    xam1   NaN    NaN
1    2    A2    xam2   1.0    B1
2    3    A3    xam4   2.0    B2
3    4    A4    xam6   4.0    B4
4    5    A5    xam5   5.0    B5
```

再看数据帧的并集操作，代码为 rs = pd.merge(left, right, how='outer', on='xam_id')，关键字为 outer，输出结果如下：

```
     id_x   Name_x   xam_id   id_y   Name_y
0    1.0      A1       xam1    NaN      NaN
1    2.0      A2       xam2    1.0      B1
2    3.0      A3       xam4    2.0      B2
3    4.0      A4       xam6    4.0      B4
4    5.0      A5       xam5    5.0      B5
5    NaN      NaN      xam3    3.0      B3
```

从以上并集的合并结果可以看出，在进行数据并集合并时，如果有的字段没有有效数据，则采用 NaN（即 None）进行填充。

介绍完 merge 方法之后，接下来介绍数据帧的 append 方法。append 功能虽然没有 merge 强大，但是比较简洁，也得到了不少用户的青睐。示例代码如下（见本书配套的代码 6-22）：

```
import pandas as pd
one = pd.DataFrame({
        'Name': ['A1', 'A2', 'A3', 'A4', 'A5'],
        'xamject_id':['xam1','xam2','xam4','xam6','xam5'],
        'Marks_scored':[98,90,87,69,78]},
        index=[1,2,3,4,5])
two = pd.DataFrame({
        'Name': ['B1', 'B2', 'B3', 'B4', 'B5'],
        'xamject_id':['xam2','xam4','xam3','xam6','xam5'],
        'Marks_scored':[89,80,79,97,88]},
        index=[1,2,3,4,5])
print('****************************************')
print(one)
print('****************************************')
print(two)
rs = one.append(two)
print('****************************************')
print(rs)
```

rs = one.append(two) 表示 one 和 two 这两个数据帧的合并，并且将数据帧 two 合并到数据帧 one 后面。数据帧 one 的内容如下：

```
    Name xamject_id   Marks_scored
1    A1     xam1           98
2    A2     xam2           90
```

```
3    A3      xam4              87
4    A4      xam6              69
5    A5      xam5              78
```

数据帧 two 的内容如下：

```
     Name xamject_id  Marks_scored
1    B1       xam2         89
2    B2       xam4         80
3    B3       xam3         79
4    B4       xam6         97
5    B5       xam5         88
```

数据帧 one 和数据帧 two 经过 append 方式合并之后的输出结果如下：

```
     Name xamject_id  Marks_scored
1    A1       xam1         98
2    A2       xam2         90
3    A3       xam4         87
4    A4       xam6         69
5    A5       xam5         78
1    B1       xam2         89
2    B2       xam4         80
3    B3       xam3         79
4    B4       xam6         97
5    B5       xam5         88
```

　　以下对数据帧的 append 方法进行拓展介绍。对此，先来考虑两个工作场景：一是对一个工作簿中的所有工作表进行合并，二是对一个文件夹下所有工作簿中的所有的工作表进行合并。以上这两种场景在现实工作中颇为常见，我们经常需要合并按照月份收集的数据，例如，一个 Excel 工作簿中有 36 个工作表，此工作簿存放了 3 年的数据，每个工作表中存放了一个月的数据，如果需要对这些工作表进行汇总统计，我们就可以采用 pandas 的 append 方法，对文件夹中的多个 Excel 文件的处理也是如此。第一种场景的实现代码如下（见本书配套的代码 6-23）：

```
# 本代码适用于将一个工作簿里面的所有工作表进行合并
import openpyxl
from  openpyxl.reader.excel  import  load_workbook
```

```
import sys
import os
import pandas as pd
wk=load_workbook(filename='pandas append 源数据 .xlsx')
gzb= wk.sheetnames
sheetnum=len(gzb)
wk.close()
for x in range(sheetnum):
  print(str(x) +" " +gzb[x])
  if x==0:
    df = pd.read_excel("pandas append 源数据 .xlsx", sheet_name=gzb[x],
      skiprows=0, usecols="a:b",index=None)
  else:
    df1 = pd.read_excel("pandas append 源数据 .xlsx", sheet_name=gzb[x],
      skiprows=0, usecols="a:b",index=None)
    df=df.append(df1)
print(df)
df.to_excel("pandas append 源数据 结果 .xlsx")
print('done')
```

上述代码中，为了分清在循环中处理的是工作簿的第一个工作表还是后面的工作表，以循环指针 x 为判断变量。当循环指针 x=0 时，程序读取工作簿的第一个工作表并将数据放入数据帧 df 中。当 x > 0 时，程序将工作簿中后面工作表的内容读入到数据帧 df1 中，在循环中，df1 的内容不断被追加到数据帧 df 中，最后将 df 的内容输出到 Excel 文件并存盘。

以下代码（见本书配套的代码 6-24）实现了将一个文件夹里面所有工作簿的所有工作表的数据进行合并：

```
# 本代码适用于将一个文件夹里面所有工作簿的文件进行合并
import openpyxl
from openpyxl.reader.excel import load_workbook
import sys
import os
import pandas as pd
dir=sys.path[0] + '\ 练习题 append1'
k=0
for wjm in os.listdir(dir):
  os.chdir(dir)
  wk=load_workbook(filename=wjm)
```

```
    gzb= wk.sheetnames
    for x in range(len(gzb)):
      if k==0:
        df = pd.read_excel(wjm, sheet_name=gzb[x], skiprows=0, usecols="a:b")
        k=k+1
      else:
        df1 = pd.read_excel(wjm, sheet_name=gzb[x], skiprows=0, usecols="a:b")
        df=df.append(df1)
    wk.close()
print(df)
df.to_excel("pandas append 源数据 结果 1.xlsx")
print('done')
```

如果掌握了将一个工作簿里面的所有工作表进行合并的代码结构，那么理解上述代码难度并不大。该程序中的指针变量是 k，k 的初值为 0，k=0 表示程序处理文件夹中第一个工作簿的第一个工作表，对于后面的工作表，k 自动加 1，对此不再赘述。

6.4　pandas 统计分析

pandas 具备强大的统计分析功能，下面介绍 pandas 统计分析的一些常用指标。

6.4.1　统计分析指标

1. 平均值

平均值是数据分析中使用最频繁的指标了，它能反映一组数据的平均水平。从统计意义上讲，平均值有两层含义：第一层是平均值提供了一个数据比对的标杆，例如，平均销量值是 1 700，如果今天的量是 1 300，那该值就太低了；第二层是平均值呈现了数据变化的一个趋势，也就是说当数据偏离平均值过多时，就有往平均值靠近的趋势，例如，销量下跌到 900，商家就会想办法促销，销量就可能反弹，而销量过高则会消耗消费者购买力，销量就可能下降，向平均值靠拢。

平均值虽然常用，但是该指标有一个致命的弱点：如果数据中有极值而且样本数较小，极值会影响平均值，这就是我们经常讲的"被平均"。我们在实际处理数据的时候，为了保证平均值这个指标的准确性，经常要剔除数据中的极值（异常值）。

2. 中位数（分位数）

由于极值会影响平均值的准确性，现在很多情况下都倾向于使用中位数这一指标。假设一组数的中位数是 x，则这批数据中大于 x 的数据个数和小于 x 的数据个数是相同的，如图 6-6 所示例如，在 10 000 个数中，高于中位数和低于中位数的数据个数都是 5000 个。在 Excel 软件中，中位数的计算函数为 MEDIAN。图 6-6 所示是中位数示意图。

图 6-6　中位数示意图

如果数据量比较小，我们观察数据的中位数就足够进行判断了，如果数据量比较大，则还需要观察数据的四分位数和十分位数。四分位数是将数据分成四个部分，每部分的数据个数相同，十分位数将数据按照个数等分为十个部分。图 6-7 所示是四分位数示例。

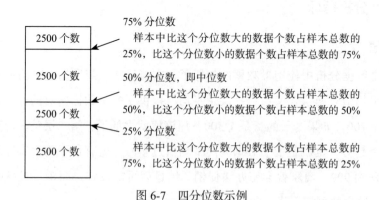

图 6-7　四分位数示例

3. 频数

频数是指一批数据中出现频次最高的数，例如，在 1,2,3,3,3,4,5 这个数列中，3 就是频数，因为 3 出现的频次最高。在实际应用中，一般不会直接使用频数，而是经常要先对数据进行一些处理转换，然后才能够使用。在 Excel 软件中，频数的计算函数为 MODE。

4. 标准差（方差）

标准差是方差的平方根，标准差指标被用来衡量数据的波动情况，数据波动得越剧烈，标准差越大，反之则标准差越小。在 Excel 软件中，标准差的计算函数为 STDEV。

5. 变异系数

标准差指标的大小和数据的绝对数值紧密相关。例如，对于一组绝对数值是 5000 左右的数列（如 4567,5000,5250,4999），其标准差肯定比绝对数值是 5 左右的数列（如 4,5,4.7,5.2）要大很多，但是这未必能说明前面数列的波动情况要比后面的大。为了精准地说明这一情况，我们引入了变异系数，其计算公式为

$$变异系数 = 标准差 / 平均值$$

一般认为变异系数的标杆值是 0.1，该系数在 0.1 以上我们认为数据波动比较剧烈，在 0.1 以下则认为数据波动比较平缓。

6. 二八系数

二八系数即帕累托法则或 80/20 法则，本来是一个经济学术语，表示客户带来的贡献具有不均衡性，后来被引入数据分析领域。通常情况下，我们销售收入中的大部分是由少数客户贡献的，就像在一个球队中，几个明星球员的收入往往会占到球队整体收入的很大一部分，如果我们搜索电商网站上某一个品类的产品，也会发现其中卖得好的产品一般也只有少数几个而已。

二八系数在我们观察数据时起着非常重要的作用。二八系数过高，从企业管理的角度看并不是一件好事，这意味着我们对少数大客户的依赖是比较高的，这会导致企业经营风险上升。

7. 峰度

峰度指标反映了数据的峰值和谷值之间的差距，峰度在 Excel 软件中的函数是 KURT。

8. 极差（全距）

极差即数据中的最大值减去最小值，标准差、峰度和极差这三个指标比较相似，都能反映数据的波动情况，读者可以根据自己的偏好或者使用习惯来决定使用哪个指标。

9. 偏度

偏度反映了数据相对于虚拟的中轴线的偏斜程度，图 6-8 所示是偏度指标示意图。

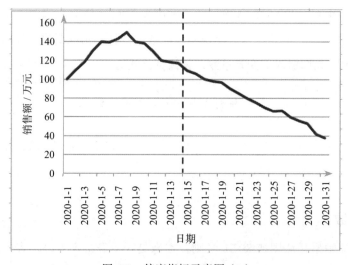

图 6-8　偏度指标示意图（1）

由图 6-8 可知，数据在 2020 年 1 月 9 日前后达到峰值。相对于月中来说，图 6-8 所示的数据是左偏的，图 6-9 所示的数据是右偏的。

偏度在 Excel 软件中的函数是 SKEW。

以下代码（见本书配套的代码 6-25）中，首先分单项输出数据的统计结果，然后用 describe 语句输出统计指标的合集。

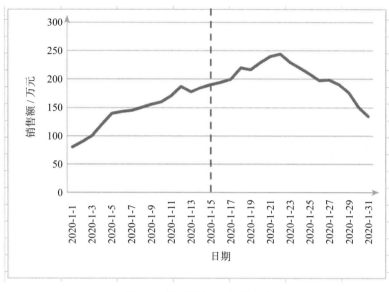

图 6-9 偏度指标示意图（2）

```
import pandas as pd
import numpy as np
d = {'Name':pd.Series(['A','B','C','D','E','F','G',
  'H','I','J','K','L']),
  'Age':pd.Series([25,26,25,23,30,29,23,34,40,30,51,46]),  'Rating':pd.Series
    ([4.23,3.24,3.98,2.56,3.20,4.6,3.8,3.78,2.98,4.80,4.10,3.65])}
df = pd.DataFrame(d)
print(df)
print('****************************************************')
print(' 现在开始输出求和 ')
print(df.sum())
print('****************************************************')
print(' 现在开始输出平均值 ')
print(df.mean())
print('****************************************************')
print(' 现在开始输出中位数 ')
print(df.median())
print('****************************************************')
print(' 现在开始输出频数 ')
print(df.mode())
print('****************************************************')
print(' 现在开始输出计数 ')
print(df.count())
print('****************************************************')
```

```
print(' 现在开始输出标准差 ')
print(df.std())
print('**************************************************')
print(' 现在开始输出峰度 ')
print(df.kurt())
print('**************************************************')
print(' 现在开始输出偏度 ')
print(df.skew())
print('**************************************************')
print(' 现在开始输出汇总统计 ')
print(df.describe())
```

以上代码执行的输出结果如下：

```
          Age       Rating
count  12.000000  12.000000
mean   31.833333   3.743333
std     9.232682   0.661628
min    23.000000   2.560000
25%    25.000000   3.230000
50%    29.500000   3.790000
75%    35.500000   4.132500
max    51.000000   4.800000
```

6.4.2 pandas 绘图

除了强大的数据处理能力之外，pandas 也具备绘图的功能，代码如下（见本书配套的代码 6-26）：

```
import pandas as pd
import numpy as np
import matplotlib.pyplot as plt
df = pd.DataFrame(np.random.randn(10,4),index=pd.date_range('2018/12/18',
  periods=10), columns=list('ABCD'))
df.plot()
print('done')
df = pd.DataFrame(np.random.rand(10,4),columns=['a','b','c','d'])
df.plot.bar()
df.plot.bar(stacked=True)
plt.show()
```

从上述代码可以看出，虽然 pandas 具有绘图功能，但运用 pandas 包绘图还是需要调用 Matplotlib 绘图包来实现。import matplotlib.pyplot as plt 将 Matplotlib 包的 pyplot 方法
导入到对象 plt 中，过程中应用了 ".plot"".plot.bar" 以及堆积柱状图的绘图指令，最后
代码以 plt.show() 语句结束。如果没有 plt.show() 语句，所有的图片都不会显示。

6.5　其他 pandas 功能

下面要介绍的 pandas 功能非常重要，也是笔者上课时学员经常提问的问题。pandas
在写 Excel 文件时通常会覆盖原文件，稍有不慎就会给工作带来很多不便，对于此问题，
有两个解决方案。

1）采用具体到秒的文件命名方式。计算机程序的指令虽然执行速度飞快，但是一般
两次生成文件之间的时间间隔都会超过 1s，如果我们在给新生成的文件取名时冠以时间
（精确到秒），就可以解决 pandas 写文件覆盖原文件的问题，代码如下：

```
wk = xlsxwriter.Workbook(time.strftime('%Y%m%d%H%M%S ',time.localtime(time.
    time())))+' 涨停双响炮回测 .xlsx')
sheet = wk.add_worksheet(' 涨停双响炮回测 ')
```

以上代码中的 "%Y%m%d%H%M%S" 分别表示年、月、日、小时、分钟和秒。

2）采用包处理的方式回存 Excel 文件，代码如下（见本书配套的代码 6-27）：

```
import pandas as pd
from openpyxl import load_workbook
writer = pd.ExcelWriter('test.xlsx', engine='openpyxl')
book = load_workbook(writer.path)
writer.book = book
d = {'one' : pd.Series([1, 2, 3,5], index=['a', 'b', 'c','d']),
    'two' : pd.Series([1, 2, 3, 4], index=['a', 'b', 'c', 'd'])}
df = pd.DataFrame(d)
df.to_excel(excel_writer=writer, sheet_name="CCC")
writer.save()
writer.close()
```

上述代码在写 Excel 文件时采用 ExcelWriter 方法，这样会保留原有 Excel 中的工作
表，并添加一个名为 "CCC" 的工作表，新写入的数据将存放在 CCC 工作表中。

Chapter 7 第 7 章

Matplotlib 图形呈现包

Python 中有不少图形包，包括 Matplotlib、seaborn、ggplot、Plotly、Bokeh 等。其中知名度最高并且最基础的包是 Matplotlib 包，该包经常被其他的包（pandas 以及 seaborn 等包）调用以实现绘图功能。

7.1　Matplotlib 包介绍

从图形呈现的角度来看，由于 Matplotlib 包绘制的图形以矢量图的方式呈现，所以调用 Matplotlib 包绘制的图形比一般在 Excel 中绘制的图形显得精细。

在 Python 代码中，涉及绘图的场景一般有以下两种。

❑ 普通绘图：这种绘图场景和 Excel 中的手工绘图场景非常类似，例如，对业务数据绘制普通的柱状图、折线图、散点图等，两者之间的差别在于 Matplotlib 包绘制图形的精细度要高一些。

❑ 高级绘图：这种绘图场景通常跟业务场景结合得比较紧密，从代码构成上看会分成两部分，第一部分处理相应的数据，第二部分绘图。

7.2　利用 Matplotlib 包绘图

本节介绍 Matplotlib 包在绘图时的应用。

7.2.1　折线图

绘制折线图相关的代码如下（见本书配套的代码 7-1）：

```
import  matplotlib.pyplot as plt
# 绘制简单的图表
input_values = [1,2,3,4,5]
squares = [1,4,9,16,25]
plt.plot(input_values,squares,linewidth=1)
plt.show()
```

在上述代码中，先导入 matplotlib.pyplot 并传递给对象 plt，即 plt 对象拥有了 matplotlib.pyplot 所有的方法和属性，随后定义 input_values 和 squares 列表，最后用 plt.plot 方法绘图，在 plt.plot 语句中指定绘图使用的数据和线宽。

> **注意**　在运用 Matplotlib 包绘图时，绘图代码必须用 plt.show() 作为结尾，如果没有这条语句，图形就不显示。除此之外，在使用像 pandas 这样调用 Matplotlib 包来实现绘图功能的包时也是如此。

图 7-1 所示是 Matplotlib 包绘制折线图的输出结果。

plt.show() 被执行后，PyCharm 界面中会弹出绘制的图形，程序执行者必须手工关闭图形，然后程序才能执行后续代码。

以下代码可以设定图形的网格线（见本书配套的代码 7-2）：

```
import numpy as np
import matplotlib.pyplot as plt
from pylab import *
x=np.arange(-5,5,0.1)
y=x**2
plt.plot(x,y)
```

```
plt.grid(True)
plt.show()
```

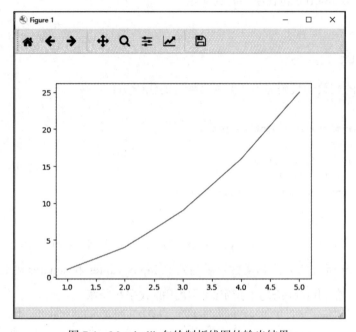

图 7-1　Matplotlib 包绘制折线图的输出结果

以上代码中，plt.grid(True) 表示图形中出现网格线。

以下代码（见本书配套的代码 7-3）中加入了循环语句，从中观察不同线宽的变化，如下所示：

```
import matplotlib.pyplot as plt
input_values = [1,2,3,4,5]
squares = [1,4,9,16,25]
for i in range(0,11):
  plt.plot(input_values,squares,linewidth=i)
  plt.show()
```

以上代码中的循环语句是一种调试程序和学习 Python 的重要方法。曾经有培训学员询问笔者如何确定 plt.plot 中 linewidth 参数的取值范围。笔者回答有两种方法：一是手工改动 linewidth 参数，并通过执行代码观察程序执行的结果来验证参数的作用；二是把

plt.plot 语句放入循环结构，将循环结构的变量代入 linewidth 的取值中，这样就可以验证多个参数的代码执行效果。

以下代码（见本书配套的代码 7-4）可以修改图形的颜色和线型：

```
import  matplotlib.pyplot as plt
x= range(100)
y= [i**2 for i in x]
plt.plot(x, y, linewidth = 1, label = "test", color="#054E9F", linestyle=':',
    marker='|')
plt.legend(loc='upper left')
plt.show()
```

上述代码中 y 的写法值得我们学习。x 和 y 都是列表，y 列表的内容是 x 中每个数值的平方，像 y= [i**2 for i in x] 这种形式的语句在 Python 代码中比较多见。

如图 7-2 所示，Matplotlib 包在绘图时定义了线段的颜色和线型。

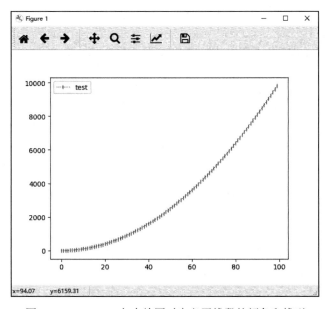

图 7-2　Matplotlib 包在绘图时定义了线段的颜色和线型

上述代码定义了线宽、标签、颜色、线型和 marker（标记形状），而 Python 中的颜色往往是编程者比较关心的问题，表 7-1 所示是 Python 中的颜色与其对应的十六进制颜色码。

表 7-1　Python 中的颜色与其对应的十六进制颜色码

颜色	颜色码	颜色	颜色码	颜色	颜色码
Aliceblue	#F0F8FF	Ghostwhite	#F8F8FF	Navajowhite	#FFDEAD
Antiquewhite	#FAEBD7	Gold	#FFD700	Navy	#000080
Aqua	#00FFFF	Goldenrod	#DAA520	Oldlace	#FDF5E6
Aquamarine	#7FFFD4	Gray	#808080	Olive	#808000
Azure	#F0FFFF	Green	#008000	Olivedrab	#6B8E23
Beige	#F5F5DC	Greenyellow	#ADFF2F	Orange	#FFA500
Bisque	#FFE4C4	Honeydew	#F0FFF0	Orangered	#FF4500
Black	#000000	Hotpink	#FF69B4	Orchid	#DA70D6
Blanchedalmond	#FFEBCD	Indianred	#CD5C5C	Palegoldenrod	#EEE8AA
Blue	#0000FF	Indigo	#4B0082	Palegreen	#98FB98
Blueviolet	#8A2BE2	Ivory	#FFFFF0	Paleturquoise	#AFEEEE
Brown	#A52A2A	Khaki	#F0E68C	Palevioletred	#DB7093
Burlywood	#DEB887	Lavender	#E6E6FA	Papayawhip	#FFEFD5
Cadetblue	#5F9EA0	Lavenderblush	#FFF0F5	Peachpuff	#FFDAB9
Chartreuse	#7FFF00	Lawngreen	#7CFC00	Peru	#CD853F
Chocolate	#D2691E	Lemonchiffon	#FFFACD	Pink	#FFC0CB
Coral	#FF7F50	Lightblue	#ADD8E6	Plum	#DDA0DD
Cornflowerblue	#6495ED	Lightcoral	#F08080	Powderblue	#B0E0E6
Cornsilk	#FFF8DC	Lightcyan	#E0FFFF	Purple	#800080
Crimson	#DC143C	Lightgoldenrodyellow	#FAFAD2	Red	#FF0000
Cyan	#00FFFF	Lightgreen	#90EE90	Rosybrown	#BC8F8F
Darkblue	#00008B	Lightgray	#D3D3D3	Royalblue	#4169E1
Darkcyan	#008B8B	Lightpink	#FFB6C1	Saddlebrown	#8B4513
Darkgoldenrod	#B8860B	Lightsalmon	#FFA07A	Salmon	#FA8072
Darkgray	#A9A9A9	Lightseagreen	#20B2AA	Sandybrown	#FAA460
Darkgreen	#006400	Lightskyblue	#87CEFA	Seagreen	#2E8B57
Darkkhaki	#BDB76B	Lightslategray	#778899	Seashell	#FFF5EE
Darkmagenta	#8B008B	Lightsteelblue	#B0C4DE	Sienna	#A0522D
Darkolivegreen	#556B2F	Lightyellow	#FFFFE0	Silver	#C0C0C0
Darkorange	#FF8C00	Lime	#00FF00	Skyblue	#87CEEB
Darkorchid	#9932CC	Limegreen	#32CD32	Slateblue	#6A5ACD
Darkred	#8B0000	Linen	#FAF0E6	Slategray	#708090
Darksalmon	#E9967A	Magenta	#FF00FF	Snow	#FFFAFA

（续）

颜色	颜色码	颜色	颜色码	颜色	颜色码
Darkseagreen	#8FBC8F	Maroon	#800000	Springgreen	#00FF7F
Darkslateblue	#483D8B	Mediumaquamarine	#66CDAA	Steelblue	#4682B4
Darkslategray	#2F4F4F	Mediumblue	#0000CD	Tan	#D2B48C
Darkturquoise	#00CED1	Mediumorchid	#BA55D3	Teal	#008080
Darkviolet	#9400D3	Mediumpurple	#9370DB	Thistle	#D8BFD8
Deeppink	#FF1493	Mediumseagreen	#3CB371	Tomato	#FF6347
Deepskyblue	#00BFFF	Mediumslateblue	#7B68EE	Turquoise	#40E0D0
Dimgray	#696969	Mediumspringgreen	#00FA9A	Violet	#EE82EE
Dodgerblue	#1E90FF	Mediumturquoise	#48D1CC	Wheat	#F5DEB3
Firebrick	#B22222	Mediumvioletred	#C71585	White	#FFFFFF
Floralwhite	#FFFAF0	Midnightblue	#191970	Whitesmoke	#F5F5F5
Forestgreen	#228B22	Mintcream	#F5FFFA	Yellow	#FFFF00
Fuchsia	#FF00FF	Mistyrose	#FFE4E1	Yellowgreen	#9ACD32
Gainsboro	#DCDCDC	Moccasin	#FFE4B5		

在表 7-1 中，每一个颜色均对应一个 6 位的十六进制颜色码，该颜色码中每两位十六进制数均代表一个十进制色素值，色素值范围为 0 ～ 255，由此 6 位十六进制数对应 3 个色素值，这 3 个色素值对应组成颜色的三个基本颜色——R（Red，红色）、G（Green，绿色）、B（Blue，蓝色）。

在 Excel 软件中可以看到基于 RGB 色素值的配色表。图 7-3 所示是 Excel 软件中的 RGB 色素值配色表示例。

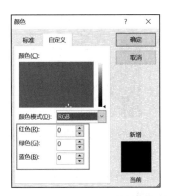

图 7-3　Excel 软件中的 RGB 色素值配色表示例

以下代码（见本书配套的代码 7-5）从 openpyxl.styles 中导入 patternfill 方法。fill = PatternFill("solid", fgColor=sht.cell(i, 2).value) 定义了填充方式，其中参数 "solid" 表示密集填充，fgColor 定义填充色。最终以"颜色值 .xlsx"这一文件中 Sheet1 工作表的第二列的 6 位十六进制数依次作为填充色的颜色码。

```python
import openpyxl
from  openpyxl.reader.excel  import  load_workbook
from openpyxl.styles import  PatternFill
import sys
import os
wk=openpyxl.load_workbook(" 颜色值 .xlsx")
sht=wk["Sheet1"]
for i in range(2,sht.max_row+1):
  print(str(sht.cell(i,2).value))
  fill = PatternFill("solid", fgColor=sht.cell(i,2).value)
  sht.cell(i,1).fill = fill
wk.save(" 颜色值 .xlsx")
```

图 7-4 所示是以上代码执行后的颜色填充效果。

颜色	颜色码
Aliceblue	F0F8FF
Antiquewhite	FAEBD7
Aqua	00FFFF
Aquamarine	7FFFD4
Azure	F0FFFF
Beige	F5F5DC
Bisque	FFE4C4
	000000
Blanchedalmond	FFEBCD
Blue	0000FF
Blueviolet	8A2BE2
Brown	A52A2A
Burlywood	DEB887

图 7-4　代码执行后的颜色填充效果

常用的图形填充模式除了上述代码所使用的 solid 之外，还有其他类型，表 7-2 所示是 Python Matplotlib 包中的图形填充模式。

表 7-2　Python Matplotlib 包中的图形填充模式

图形填充模式	说明	效果示例	图形填充模式	说明	效果示例
lightGrid	浅色网格		darkGray	深灰色	
gray0625	灰色 0625		solid	实心填充	
lightTrellis	浅色交叉		darkUp	深色斜上	
lightDown	浅色斜下		lightGray	浅灰色	
lightVertical	浅色垂直		mediumGray	中等灰色	
darkTrellis	深色交叉		darkDown	深色斜下	
darkHorizontal	深色水平		lightHorizontal	浅色水平	
darkVertical	深色垂直		lightUp	浅色斜上	
darkGrid	深色网格		gray125	灰色 125	

7.2.2　散点图

散点图的绘制代码如下（见本书配套的代码 7-6）：

```python
import numpy as np
import matplotlib.pyplot as plt
from pylab import *
plt.rcParams['figure.figsize']=(8,8)
x=np.random.normal(size=1000)
y=np.random.normal(size=1000)
plt.scatter(x,y)
plt.show()
```

plt.rcParams['figure.figsize']=(8,8) 定义了图形的尺寸，x、y 分别定义了两个包含 1000 个随机数的随机数组，plt.scatter 命令用于绘制散点图。

7.2.3 柱状图

柱状图的绘制代码如下（见本书配套的代码 7-7）：

```python
import numpy as np
import matplotlib.pyplot as plt
# 创建一个点数为 8×6 的窗口，并设置分辨率为 80 像素 / 每英寸
plt.figure(figsize=(10, 10), dpi=80)
# 柱子总数
N = 10
# 包含每个柱子对应值的序列
values = (56796,42996,24872,13849,8609,5331,1971,554,169,26)
# 包含每个柱子下标的序列
index = np.arange(N)
# 柱子的宽度
width = 0.45
# 绘制柱状图，每根柱子的颜色为紫罗兰色
p2 = plt.bar(index, values, width, label="num", color="#87CEFA")
# 设置横轴标目
plt.xlabel('clusters')
# 设置纵轴标目
plt.ylabel('number of reviews')
# 添加标题
plt.title('Cluster Distribution')
# 添加纵横轴的刻度
plt.xticks(index, ('mentioned1cluster', 'mentioned2cluster',
    'mentioned3cluster', 'mentioned4cluster', 'mentioned5cluster',
    'mentioned6cluster', 'mentioned7cluster', 'mentioned8cluster',
    'mentioned9cluster', 'mentioned10cluster'))
# plt.yticks(np.arange(0, 10000, 10))
# 添加图例
plt.legend(loc="upper right")
plt.show()
```

以上代码中包含比较详细的注释，不再赘述。

7.2.4 饼图

以下代码（见本书配套的代码 7-8）用于实现图形中中文显示的功能：

```python
import matplotlib.pyplot as plt
import matplotlib
```

```
myfont = matplotlib.font_manager.FontProperties(fname=r'C:\Windows\Fonts\
    simkai.ttf')
plt.ylabel(u' 实际情况 ', fontproperties=myfont)
plt.xlabel(u' 预测结果 ', fontproperties=myfont)
input_values = [1,2,3,4,5]
squares = [1,4,9,16,25]
plt.plot(input_values,squares,linewidth=1)
plt.show()
```

代码中定义了一个 myfont 对象，表示使用 simkai.ttf 文件的字体。simkai.ttf 是与楷体相关的字体文件，如果读者计算机的目录 C:\Windows\Fonts 中没有 simkai.ttf 文件，则需要到互联网上自行下载。随后将图形的 x 轴和 y 轴的 fontproperties 定义为 myfont。图 7-5 所示是以上代码的执行输出结果。

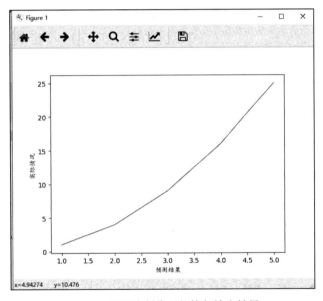

图 7-5　饼图绘制代码的执行输出结果

绘制分裂饼图的代码如下（见本书配套的代码 7-9 ）：

```
import matplotlib.pyplot as plt
import matplotlib.font_manager as fm   # 字体管理器
# 准备字体
my_font = fm.FontProperties(fname="C:\Windows\Fonts\simkai.ttf")
```

```python
# 准备数据
data = [0.16881, 0.14966, 0.07471, 0.06992, 0.04762, 0.03541, 0.02925,
    0.02411, 0.02316, 0.01409, 0.36326]
# 准备标签
labels = ['Java', 'C', 'C++', 'Python', 'Visual Basic.NET', 'C#', 'PHP',
    'JavaScript', 'SQL', 'Assembly langugage',' 其他 ']
# 将排列在第 4 位的语言 (Python) 分离出来
explode = [0, 0, 0, 0.3, 0, 0, 0, 0, 0, 0, 0]
# 使用自定义颜色
colors = ['red', 'pink', 'magenta', 'purple', 'orange']
# 对横、纵坐标轴进行标准化处理，保证饼图是一个正圆，否则为椭圆
plt.axes(aspect='equal')
# 控制 x 轴和 y 轴的范围 ( 用于控制饼图的圆心、半径 )
plt.xlim(0, 8)
plt.ylim(0, 8)
# 不显示边框
plt.gca().spines['right'].set_color('none')
plt.gca().spines['top'].set_color('none')
plt.gca().spines['left'].set_color('none')
plt.gca().spines['bottom'].set_color('none')
# 绘制饼图
plt.pie(x=data,   # 绘制数据
    labels=labels,   # 添加编程语言标签
    explode=explode,   # 突出显示 Python
    colors=colors,   # 设置自定义填充色
    autopct='%.3f%%',   # 设置百分比的格式，保留 3 位小数
    pctdistance=0.8,   # 设置百分比标签和圆心的距离
    labeldistance=1.0,   # 设置标签和圆心的距离
    startangle=180,   # 设置饼图的初始角度
    center=(4, 4),   # 设置饼图的圆心 ( 相当于 x 轴和 y 轴的范围 )
    radius=3.8,   # 设置饼图的半径 ( 相当于 x 轴和 y 轴的范围 )
    counterclock=False,   # 是否为逆时针方向？ False 表示顺时针方向
    wedgeprops={'linewidth': 1, 'edgecolor': 'green'},   # 设置饼图内外边界的属性值
    textprops={'fontsize': 12, 'color': 'black','fontproperties':my_font},
        # 设置文本标签的属性值
            frame=1)   # 是否显示饼图的圆圈，1 为显示
# 不显示 x 轴、y 轴的刻度值
plt.xticks(())
plt.yticks(())
# 添加图形标题
plt.title('2018 年 8 月的编程语言指数排行榜 ',fontproperties=my_font)
# 显示图形
plt.show()
```

在上述代码中，labels = ['Java', 'C', 'C++', 'Python', 'Visual Basic.NET', 'C#', 'PHP', 'JavaScript', 'SQL', 'Assembly langugage',' 其他 '] 定义了图形的标签。explode = [0, 0, 0, 0.3, 0, 0, 0, 0, 0, 0, 0] 中的第四个值 0.3 表示程序在绘制图形的时候会将 labels 列表中第四个元素 " Python " 分离出来。其他代码已经有很详细的注释，读者可以自行阅读和验证。图 7-6 所示是以上代码（见本书配套的代码 7-9）的执行输出结果。

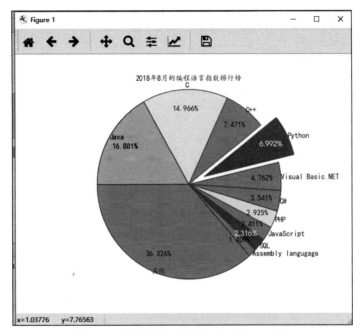

图 7-6　分裂饼图绘制代码的执行输出结果

Matplotlib 包还可以用来绘制环形饼图，代码如下（见本书配套的代码 7-10）：

```
import matplotlib as mpl
import matplotlib.pyplot as plt
import matplotlib.font_manager as fm  # 字体管理器
plt.rcParams['font.sans-serif']=['SimHei'] # 正常显示中文标签
plt.rcParams['axes.unicode_minus']=False # 正常显示负号
# 准备字体
#my_font = fm.FontProperties(fname="C:\Windows\Fonts\simkai.ttf")
myfont = mpl.font_manager.FontProperties(fname=r'C:\Windows\Fonts\simkai.ttf')
# 设置图片大小
```

```python
plt.figure(figsize = (10, 8))
# 生成数据
labels = ['A', 'B', 'C', 'D', ' 其他 ']
share_laptop = [0.45, 0.25, 0.15, 0.05, 0.10]
share_pc = [0.35, 0.35, 0.08, 0.07, 0.15]
colors = ['c', 'r', 'y', 'g', 'gray']
# 外环
wedges1, texts1, autotexts1 = plt.pie(share_laptop,
  autopct = '%3.1f%%',
  radius = 1,
  pctdistance = 0.85,
  colors = colors,
  startangle = 180,
  textprops = {'color': 'w'},
  wedgeprops = {'width': 0.3, 'edgecolor': 'w'}
)
# 内环
wedges2, texts2, autotexts2 = plt.pie(share_pc,
  autopct = '%3.1f%%',
  radius = 0.7,
  pctdistance = 0.75,
  colors = colors,
  startangle = 180,
  textprops = {'color': 'w'},
  wedgeprops = {'width': 0.3, 'edgecolor': 'w'}
)
# 图例
plt.legend(wedges1,
    labels,
    fontsize = 12,
    title = u' 公司列表 ',
    loc = 'center right',bbox_to_anchor = (1, 0.9))
# 设置文本样式
plt.setp(autotexts1, size=15, weight='bold')
plt.setp(autotexts2, size=15, weight='bold')
plt.setp(texts1, size=15)
# 标题
plt.title('2017 年笔记本及 PC 电脑市场份额 ',fontdict={'weight':'normal','size': 20})
plt.show()
```

以上代码绘制了一个具有外环和内环的图形，也用 legend 方法定义了图例的摆放位置。在代码中出现了两次包含 rcParams 的语句，其中 plt.rcParams['font.sans-serif']=

['SimHei'] 表示图形中显示中文字符，而 plt.rcParams['axes.unicode_minus']=False 表示用 Unicode 编码方式显示绘制图形中的符号。

7.2.5　直方图

直方图是统计分析中的常见图形，绘制直方图的代码如下（见本书配套的代码 7-11）：

```
import numpy as np
import matplotlib.pyplot as plt
from pylab import *
x=np.random.normal(size=1000)
plt.hist(x,bins=10)   #bins 参数设置分桶数目
plt.show()
```

plt.hits(x,bins=10) 中的 bins 参数被称为分桶参数，表示把分析的数据分配到由 bins 值确定的 *n* 个"桶"中去。图 7-7 所示是以上代码（见本书配套的代码 7-11）的执行输出结果。

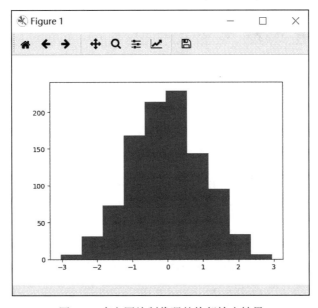

图 7-7　直方图绘制代码的执行输出结果

7.3 图形部件绘制代码

Matplotlib 包可以对图形的部件进行操作，这些部件包括坐标轴、网格线、数据系列、数据标签等。以下代码（见本书配套的代码 7-12）实现了对部分图形部件的绘制：

```python
import numpy as np
import matplotlib.pyplot as plt
from pylab import *
ax=plt.subplot(111)   #设置一个空图
ax.spines['right'].set_color('none')   #设置右边轴线为透明色
ax.spines['top'].set_color('none')
#移动下边框线，相当于移动 x 轴
ax.xaxis.set_ticks_position('bottom')   #设置横轴上的刻度
ax.spines['bottom'].set_position(('data',0))
ax.yaxis.set_ticks_position('left')
ax.spines['left'].set_position(('data',0.1))
plt.show()
```

以上代码先绘制一个空图，然后将次 y 轴和次 x 轴设置成透明，再对主 x 和主 y 轴进行操作。图 7-8 所示是上述代码的执行输出结果。

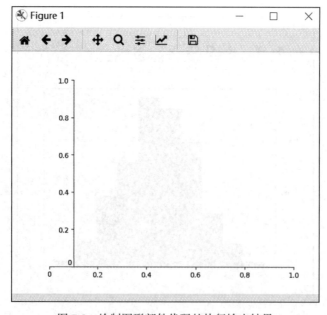

图 7-8　绘制图形部件代码的执行输出结果

以下代码（见本书配套的代码 7-13）用于设置图形坐标轴的取值范围：

```
import numpy as np
import matplotlib.pyplot as plt
from pylab import *
x=np.arange(0.,10,0.2)
plt.xlim(x.min()*1.1,x.max()*1.1)
plt.ylim(0,4.0)
plt.show()
```

上述代码通过 numpy 命令定义了一个取值范围从 0 到 10 并且步长为 0.2 的数组，x 轴取值范围定义为从 0 到 11，y 轴取值范围定义为从 0 到 4。图 7-9 所示是上述代码的执行输出结果。

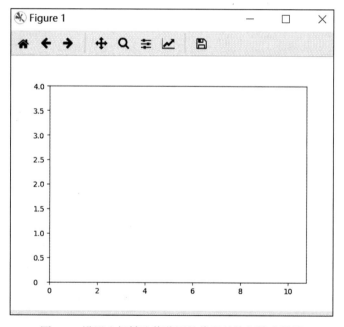

图 7-9　设置坐标轴取值范围的代码的执行输出结果

以下代码（见本书配套的代码 7-14）对坐标轴的标签进行了设置：

```
import numpy as np
import matplotlib.pyplot as plt
```

```
from pylab import *
x=np.arange(0.,10,0.2)
plt.xlim(x.min()*1.1,x.max()*1.1)
plt.ylim(-1.5,4.0)
plt.xticks([2,4,6,8,10],[r'two',r'four',r'six',r'8',r'10'])
plt.yticks([-1.0,0.0,1.0,2.0,3.0,4.0],[r'bottom',r'0.0',r'1.0',r'2.0',r'3.0'
  ,r'4.0'])
plt.show()
```

图 7-10 所示是上述代码的执行输出结果。

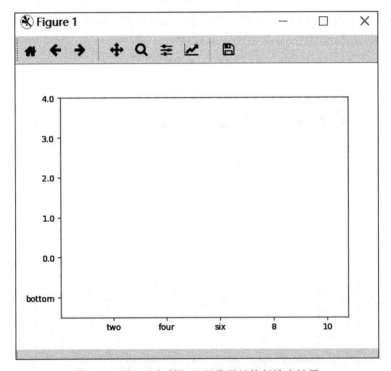

图 7-10 设置坐标轴标签的代码的执行输出结果

对于包含 matplotlib 命令的代码,当图形出现时代码会暂停执行,需要使用者手工关闭图形,程序才能够继续自动往下运行。如果程序使用者要保存图形,那么应该怎么办呢?

以下代码(见本书配套的代码 7-15)可以将绘制的图形保存成相应的图片格式:

```
import numpy as np
import matplotlib.pyplot as plt
from pylab import *
x=np.arange(0.,10,0.2)
plt.xlim(x.min()*1.1,x.max()*1.1)
plt.ylim(-1.5,4.0)
plt.xticks([2,4,6,8,10],[r'two',r'four',r'six',r'8',r'10'])
plt.yticks([-1.0,0.0,1.0,2.0,3.0,4.0],[r'bottom',r'0.0',r'1.0',r'2.0',r'3.0'
    ,r'4.0'])
plt.title(r'$the \ function \ figure \ of \ cos(), \ sin() \ and \
    sqrt()$',fontsize=12)   #fontsize 参数设置字体大小
#'\' 号两侧必须各有一个空格字符，否则无法解析
plt.xlabel(r'$the \ input \ value \ of \ x$',fontsize=18,labelpad=18.8)
    #labelpad 参数设置描述距离轴远近
plt.ylabel(r'$y=f(x)$',fontsize=18,labelpad=12.5)
# 将图形存成文件
plt.savefig('1.png',dpi=48)
plt.show()
print('done')
```

上述代码使用 plt.savefig 命令将生成的图片保存为“1.png”。savefig 命令中的 dpi 参数用于设置图形保存时的分辨率。

7.4　综合绘图示例

以下代码（见本书配套的代码 7-16）以一个比较综合的实例来说明 Matplotlib 包绘图的过程：

```
import xlsxwriter
import sys
import os
import openpyxl
from openpyxl.reader.excel import load_workbook
import matplotlib.pyplot as plt
dir=sys.path[0]# 获得本 .py 文件所在路径
os.chdir(dir)
wk=load_workbook(filename="1.xlsx")
sheet=wk.worksheets[0]
# 获得区域的列表，后面用来做图例
```

```
q=[]
j=2
while sheet.cell(j,1).value!=None:
  q.append(sheet.cell(j,1).value)
  j = j + 1
  if j>100:# 防止死循环
    break
print(q)
# 判断最大列
j=2
x=[]
while sheet.cell(1,j).value!=None:
  x.append(sheet.cell(1,j).value)
  j = j + 1
  if j>100:# 防止死循环
    break
print(" 最大列 "+ str(j))
print('x:')
print(x)
j=j-1#j 回退一个
# 开始画图
i=2
hld=[]
while sheet.cell(i,1).value!=None:
  y = []
  for k in range(2,j+1):# 左闭右开
    y.append(sheet.cell(i, k).value)
  print(y)
  i=i+1
  if i>100:# 防止死循环
    break
  handle,=plt.plot(x,y)
  hld.append(handle)
  plt.xticks(x)
  #plt.legend(loc='upper right')
import matplotlib.font_manager as fm
# 使用 Matplotlib 的字体管理器加载中文字体
myfont=fm.FontProperties(fname="C:\Windows\Fonts\simkai.ttf")
plt.title(u' 平台图形 ',fontproperties=myfont)
plt.legend(handles=hld,labels=q,prop=myfont)
plt.savefig('2.png',dpi=1600)
plt.show()
os.chdir(dir)
wk1 = xlsxwriter.Workbook('output.xlsx')# 创建新的 Excel 文件
```

```
sheet1 = wk1.add_worksheet('图形')
sheet1.insert_image(0,1,'2.png')
sheet1.insert_image(100,1,'3.jpg')
sheet1.insert_image(200,1,'4.jpg')
wk.close()
wk1.close()
print('done')
```

上述代码中，首先打开源文件"1.xlsx"，随即定义了空数组 q，并定义源文件"1.xlsx"的第一个工作表为 Sheet 对象，然后采用 while 循环将 Sheet 对象中所有的城市名称读入数组 q 中，再通过循环语句获得 Sheet 对象中的最大列数。

之后的循环结构就是从 Sheet 工作表的第二行开始读入每行的数据，随后绘制图形，将生成的图形保存到"2.png"中，最终将 3.png 和 4.png 这两个图片插入源文件"1.xlsx"中。

 注意　while sheet.cell(1,j).value!=None 语句中的 None 代表 Excel 文件中的空单元格。

Python 数据分析高级篇

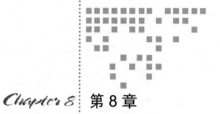

数据预处理

从这一章开始，我们进入了 Python 数据分析高级篇，由于很多数据中存在问题，并不能直接用来分析，所以在正式的数据分析工作之前需要对数据进行预处理，以下即介绍数据预处理的相关内容。

8.1 数据预处理的目标和方法

包括但不限于以下几种情况需要我们做数据预处理。

1）数据之间的数量级不一致或者相差悬殊，在进行绘图或者聚类等数据操作时需要做数据的平滑处理。

2）数据分段转换，即将连续的数据转换为离散数据值。

3）定性数据定量化，即将文本型的数据转化为数字。

以下介绍常见的几种数据预处理的方法。

8.1.1　缩放法

缩放法是指将不同数量级的数据转换到同一个范围内，这样处理过的数据就有可比性了。

以按摩垫和跑步机的销售数据为例（详见本书配套的源文件"8-1-1 缩放法 累计占比 .xlsx"），如表 8-1 所示。

表 8-1　按摩垫和跑步机的部分销售数据

日期	品名	数量 / 个	单价 / 元	金额 / 元	销售方式
2007-1	按摩垫	50	800.00	40 000.00	代理
2007-2	按摩垫	52	800.00	41 600.00	直销
2007-3	按摩垫	55	800.00	44 000.00	代理
2007-4	按摩垫	60	800.00	48 000.00	直销
2007-1	跑步机	6	23 000.00	138 000.00	代理
2007-2	跑步机	8	23 000.00	184 000.00	直销
2007-3	跑步机	8	23 000.00	184 000.00	直销
2007-4	跑步机	8	23 000.00	184 000.00	代理
2007-5	跑步机	7	23 000.00	161 000.00	直销
2007-6	跑步机	9	23 000.00	207 000.00	代理
2007-7	跑步机	12	23 000.00	276 000.00	代理

其中，"金额"一列的数据在按摩垫和跑步机这两个项目上差距显著，这种情况可以考虑进行平滑处理。

在 Excel 软件中采用数据透视表的累计占比指标可以实现对相差比较悬殊的数据的缩放处理。操作步骤：打开 Excel 软件，选中上述数据，生成数据透视表。图 8-1 所示是利用源文件 8-1-1 中的数据生成数据透视表。

从图 8-1 中可以看到按摩垫和跑步机这两个项目的数据差距比较显著。如图 8-2 所示，单击数据透视表字段列表中"求和项"右边的黑三角图标，弹出包含"值字段设置(N)"的菜单。

再单击上述弹出菜单中的"值字段设置"，图 8-3 所示"值字段设置"中的"值显示方式"设置界面。

求和项:金额	列标签 ▾		
行标签 ▾	按摩垫	跑步机	总计
2007/1	40000	138000	178000
2007/2	41600	184000	225600
2007/3	44000	184000	228000
2007/4	48000	184000	232000
2007/5	56000	161000	217000
2007/6	60000	207000	267000
2007/7	64000	276000	340000
2007/8	64000	299000	363000
2007/9	64000	345000	409000
2007/10	56800	368000	424800
2007/11	52000	437000	489000
2007/12	50400	529000	579400

图 8-1 利用源文件 8-1-1 中的数据生成数据透视表

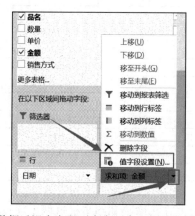

图 8-2 单击数据透视表字段列表中"求和项"右边的黑三角图标

图 8-3 "值字段设置"中的"值显示方式"设置界面

再在图 8-3 中的"值显示方式 (A)"项的下拉菜单中，选择"按某一字段汇总的百分比"，即可在数据透视表中生成累计占比指标，如图 8-4 所示。

求和项:金额	列标签		
行标签	按摩垫	跑步机	总计
2007/1	4.15%	0.72%	0.89%
2007/2	8.47%	1.69%	2.01%
2007/3	13.04%	2.65%	3.15%
2007/4	18.02%	3.61%	4.30%
2007/5	23.83%	4.46%	5.39%
2007/6	30.06%	5.54%	6.72%
2007/7	36.70%	6.99%	8.41%
2007/8	43.35%	8.55%	10.22%
2007/9	49.99%	10.36%	12.26%
2007/10	55.89%	12.28%	14.38%
2007/11	61.29%	14.57%	16.82%
2007/12	66.52%	17.34%	19.70%
2008/1	71.50%	19.98%	22.46%
2008/2	76.20%	23.19%	25.73%
2008/3	80.16%	27.52%	30.05%
2008/4	82.75%	32.23%	34.66%
2008/5	85.18%	38.17%	40.43%
2008/6	87.45%	44.96%	47.00%
2008/7	89.64%	52.50%	54.28%
2008/8	91.74%	60.98%	62.46%
2008/9	93.60%	69.75%	70.89%
2008/10	95.79%	79.36%	80.15%
2008/11	97.89%	89.73%	90.12%
2008/12	100.00%	100.00%	100.00%
总计			

图 8-4　在数据透视表中生成累计占比指标

由图 8-4 可知，累计占比值都在 0 和 1 之间，这样就将相差比较悬殊的数值转化为了 0 和 1 之间的值。

以表 8-2 所示的部分销售数据为例（详见本书配套的源文件 8-1-2）。

表 8-2　部分销售数据示例

客户数 / 人	单价 / 元	销售量 / 套	客户数 / 人	单价 / 元	销售量 / 套
11 127	8	1134	11 062	9.5	1061
24 163	4.1	1171	27 967	7.7	615
15 674	4.2	694	21 372	9.5	1115
10 558	2.6	613	20 853	6.5	970
19 397	2.4	1009	14 851	9.6	1188

表 8-2 中的三列数据的大小相差得也比较悬殊，为了将这三列数据转换到同一个数

据范围之内，可以将这三列中的每一个值除以该列的最大值，这样每一个数就转化为 [0,1] 之间的数，转换之后的结果就具有可比性了。

8.1.2 分段转换

在进行数据处理时，经常会碰到需要分段转换的情况。例如，对于定价分析，我们认为某产品价格 500 元以上的属于高价格段，产品价格处于 300～500 元的属于中等价格段，产品价格在 300 元以下的属于低价格段，这时就涉及分段转换。

如果分段转换的"段"比较少，在 Excel 软件中用 if 函数就可以实现，如果分段转换的"段"比较多，使用 if 函数则可能会因为嵌套等原因而比较复杂，此时 Excel 软件中的 lookup 函数和 vlookup 函数可以方便地实现这一数据转换，见本书配套的源文件"8-1-3 数据转换 .xlsx"，lookup 函数和 vlookup 函数的使用方法请读者自行研究，不再赘述。

采用 lookup 函数和 vlookup 函数进行数据转换的核心就是构建一个转换表，表 8-3 所示是数据分段转换的转换表示例。

表 8-3　数据分段转换的转换表示例

5000	1
10 000	2
15 000	3
20 000	4
30 000	5

其中，5000～10 000 的数据转化为 1，10 000～15 000 的数据转化为 2，以此类推。

8.1.3 定性数据定量化

我们在业务数据处理工作中，经常会碰到定性信息，例如，在分析房地产价格数据时，省份和城市字段都是以文本的方式出现的，很显然，地域因素对房地产销售有着比较显著的影响，但是现在绝大多数数据分析模型都不支持对文本的处理，此时就需要将定性数据转换为定量数据，如用省份和城市的人口、人均可支配收入等定量指标来替换相应的省份和城市信息。

需要做定性数据定量化的场景还有很多。见本书配套的源文件"8-1-4 定性数据定量化 .xlsx"，在该文件第一个工作表的"客户性质"一列中，描述不同客户性质的文本所代表的含义并不相同。图 8-5 所示是针对"客户性质"进行数据筛选的结果。以其中的"国际内子公司"为例，此类客户属于该集团下面的子公司，这些子公司只要有需求就一定会购买该集团的产品，针对这些子公司的销售难度几乎为 0。与之相反的是，针对"战略用户"的销售难度就很大。如果我们将这些客户的销售难度定量化，即转化为 0 ～ 10 的数字，则"国际内子公司"的销售难度非常小，该字段可以转化为 0，而"战略用户"则可以转化为 10。

图 8-5　针对"客户性质"的筛选结果

8.1.4　数据填充

数据填充在数据预处理中占据着重要的位置，但是遗憾的是，Python 中并没有对应的包来处理这一需求。在实际的工作中，我们经常会碰到缺失值，即由于种种原因导致某些指标的一部分值是缺失的。如果在处理的数据中有比较多的缺失值，那么应该怎么办？这个问题，可以分拆成两个子问题。

❏ 存在多少缺失值是我们所不能容忍的？或者说，对于某一列数据，当其缺失值达到多大比例时就没有使用价值了？

❏ 如果不弃用存在缺失值的数据，那么那些缺失的数字我们应该如何处理？

笔者认为，如果某一列数据的缺失值占比超过 30%，那么这一列数据就可以考虑弃用了，即使这一列数据对于使用者来说非常重要。如果某一列数据的缺失值占比小于30%，则可以考虑采用填充的方式来补足数据。

而在补足数据之前，要填充缺失值的数据必须符合以下两个假设。

❏ 假设1：在一定的时间范围内，数据分布在一定取值范围之内。
❏ 假设2：对于按照时间序列组织的数据，数据中异常值出现的概率不高。

以上两个假设比较容易理解。以气温为例，在一段时间之内，气温数值是在一定范围内波动的。例如，上海冬季的气温往往在 -5 ～ 15℃之间波动。并且，在上海的冬季出现极端高温和低温的概率不大。

下面介绍数据填充的方法。

1）临近点填充法。此方法的基本原理：选择缺失值附近的若干个点的平均数或者中位数，将其填充到缺失值中。例如，气温数据有缺失，就选择缺失值前后几天的气温的平均值或者中位数进行填充；如果股市的大盘指数有缺失，就选择缺失值前后几个交易日的平均值或者中位数进行填充。

2）回归填充法。回归法其实和临近点填充方法类似，只是选择填充的技术方法有所不同，该方法会选择缺失值附近的一些值，采用线性回归的方法进行填充。其基本原理是在一个很小的时间序列中，任何曲线都可以近似看作一条直线。例如，地球虽然是圆的，但是在比较小的区域内，我们可以忽略地球的曲率而近似认为地球表面是平的。

临近点填充法和回归填充法在统计软件 SPSS 中都有现成的算法可以实现。

3）时间区域填充法。这种方法假设在一定的时间段、一定的地域之内，相应的业务数据的取值范围相差无几，此时如果出现了空缺，就可以考虑用同一时间段和同一区域的平均值和中位数来填充。例如，现在数据分别是 2013、2014、2015 年的，在这三年的数据中都有缺失值，并且在这三年中缺失值在该年度数据中的占比都在 30% 以下，那么每一年度的缺失值就可以用该年度的平均值或者中位数来进行填充。

8.2 Python 数据预处理的方法

下面举例说明 Python 数据预处理的过程（见本书配套的代码 8-1）：

```
from sklearn import preprocessing
import numpy as np
X = np.array([[ 1., -1.,  2.],
              [ 2.,  0.,  0.],
              [ 0.,  1., -1.]])
X_scaled = preprocessing.scale(X)
print(X_scaled)
```

上述代码从 sklearn 包中导入了 preprocessing 方法。sklearn 包是非常著名的 Python 机器学习包，有志从事数据工作的读者可以重点关注和学习 sklearn 包。该代码先采用 numpy 方法定义一个二维数组，再用 preprocessing 的 scale 方法进行数据的缩放，输出结果如下：

```
[[ 0.         -1.22474487  1.33630621]
 [ 1.22474487  0.         -0.26726124]
 [-1.22474487  1.22474487 -1.06904497]]
```

可以看到缩放后的结果中，数据之间的差距较原始数据变得小了。

以下代码同样采用 preprocessing 的 scale 方法将差距更大的数据进行规范化处理（见本书配套的代码 8-2）：

```
from sklearn import preprocessing
import numpy as np
X = np.array([[ 10000, -1.,  2.],
              [ 2.,  0.,  0.],
              [ 0.,  30000, -1.]])
X_scaled = preprocessing.scale(X)
print(X_scaled)
```

上述代码中 numpy 数组中的数据差距很大，代码执行的输出结果如下：

```
[[ 1.41421354 -0.70714214  1.33630621]
 [-0.70689462 -0.70707143 -0.26726124]
```

```
[-0.70731892  1.41421356 -1.06904497]]
```

可以清楚地看出，上述代码中差距如此大的数据，在经过缩放处理后，其差别已经变得比较小了。

以下代码采用 minmax_scale 方法，即采用数据范围中的最大值和最小值对数据进行缩放，代码如下（见本书配套的代码 8-3）：

```
from sklearn.preprocessing import minmax_scale
x = [0,1,2,3,4,5]
print(minmax_scale(x))
y = [[0,0,0],[1,1,1],[2,2,2]]
print(minmax_scale(y))
print(minmax_scale(y, axis=1))
y = [[0,1,2],[1,2,3],[2,3,4]]
print(minmax_scale(y))
print(minmax_scale(y, axis=1))
```

以上代码中涉及 axis 的概念，axis 是指数组的维度。对于 y = [[0,0,0],[1,1,1],[2,2,2]] 来说，它的形状表示为 [3,3]，也就是一个行数为 3、列数为 3 的矩阵。axis=1 表示取第一个维度，也就是 [0,0,0]，其最大值是 0。

因此，对于上述代码中的数组 y，minmax_scale(y) 的结果如下：

```
[[0.  0.  0. ]
 [0.5 0.5 0.5]
 [1.  1.  1. ]]
```

数组 y 中的最大值是 2，而整个数组都除以 2，就得到以上结果。如果按照 axis=1 来计算，实际上就是以 [1,1,1] 为处理标杆，则其处理结果如下：

```
[[0. 0. 0.]
 [0. 0. 0.]
 [0. 0. 0.]]
```

以下代码实现了"二值化"处理的模型（见本书配套的代码 8-4）：

```
from sklearn import preprocessing
```

```
import numpy as np
X = [[ 1., -1., 2.],
     [ 2.,0.,0.],
     [ 0.,1., -1.]]
binarizer = preprocessing.Binarizer(threshold=1)
print(binarizer.transform(X))
```

在工作生活中我们经常可以碰到二值化的例子。例如，对"买"和"不买"的行为就可以进行二值化的处理，将"买"定义为 1，"不买"定义为 0；对温度也可以进行二值化处理，气温高于 30℃为高温，转化为 1，低于 30℃则转化为 0。

上述代码中 threshold（转化的门槛）设为 1，也就是将高于 1 的值转化为 1，将低于 1 的值转化为 0，结果输出如下：

```
[[0. 0. 1.]
 [1. 0. 0.]
 [0. 0. 0.]]
```

以下代码实现了数据分组功能（见本书配套的代码 8-5）：

```
import pandas as pd
data=[11,15,18,20,25,26,27,24]
bins=[15,20,25]
print(data)
print(pd.cut(data,bins))
```

上述代码中，15、20、25 构成数据的分界线，根据这些分界线可以将 data 数组中的数据分到不同的分组中。

数据分析的常见问题和方法

在进入数据分析的范畴之后，我们首先要搞清楚做业务数据分析一般会碰到什么问题，以及常用的数据分析方法。

9.1 数据分析的常见问题

从业务数据分析的目标和角度来说，我们在工作中一般会碰到如下的问题。

9.1.1 数据采集问题

数据采集是指分析人员根据业务需求主动收集相关的源数据进行分析。由于企业的数据条件天差地别，企业对于数据采集需求的差别也很大。以金融、通信运营、互联网等行业为例，这些行业中的大多数企业在数据量到数据字段（复杂度）方面都做得比较好，其数据条件基本满足一般的数据分析之用。另外，汽车、医药、钢铁等行业中的大型企业的数据条件也不错。除此之外，也有相当大量的中小企业数据条件较差。请注意，数据条件的优劣并不完全由数据量大小决定，即数据量大未必意味着数据条件好，数据量较小也未必意味着数据条件差。

数据采集的范围较广，从严格意义上讲，数据采集的范围包括宏观、中观、微观三个层面：宏观数据包括对企业经营有影响的宏观经济数据等，如 GPD、CPI、PPI 等经济数据；中观数据指行业层面的数据，包括行业总产销量以及主要的竞争对手的产销量等；微观数据指与企业微观条件相关的数据，包括企业产销量、定价、供应链数据等。

在数据采集方面，近些年来全球范围内跨界经营之风盛行，例如，原来做手机电池的比亚迪现在已经成为一家大型电动汽车生产厂家，这导致其数据采集的范围会变得更加广泛和复杂。另外，很多数据采集工作并非完全针对纯数据层面。例如，如果分析近年来的全国生育率下降的问题，那么我们一般会收集房价、彩礼、孩子的养育成本等数据。诚然，这些数据确实严重影响生育率，但是现在年轻人的心态和婚恋观也对生育率的影响非常大，如果年轻人不把结婚生孩子看作人生的必要事件，那么生育率下降也是很自然的事情了。人的心态和婚恋观等基本属于心理层面的因素，不方便量化，因此现在数据采集工作越来越重视"定量 + 定性"的数据采集方式。

9.1.2　数据描述问题

数据描述是指采用一系列专业指标对数据的特征进行描述。例如，平均数指标在数据存在极值时经常会误导数据使用者，此时使用中位数这一指标来描述数据的特征更加合适。除了中位数指标之外，还有众数、标准差（方差）、变异系数、二八系数、峰度、偏度等指标。这些指标在 6.4.1 节中已经阐述过，在此不再赘述。

需要强调的是，6.4.1 节中介绍的指标还是比较基础的统计分析指标，如果采用 SPSS 等专业工具，还有诸如茎叶图、P-P 图、Q-Q 图等专业度比较高的统计描述手段。

9.1.3　数据间关系的界定和挖掘问题

对数据之间关系的挖掘，是数据分析工作中最重要的组成部分。数据之间是否有关系？如果有，其关系是怎么样的？用什么软件和模型能有效挖掘数据之间的关系？这些都是数据分析中需要关注的问题。

探索数据之间的关系这一需求，在数据分析领域的需求中占比相当高，大量模型和算法都是为了揭示数据之间的关系而产生的，例如相关分析、方差分析、回归、关联分析、聚类、决策树（随机森林）等。

9.1.4 时间序列（预测）问题

时间序列是指将数据以时间为序列组织起来，例如，大盘指数、气温、销售量（额）等都跟时间序列有密切的关系，脱离了时间序列谈论这些指标并没有多少实际意义。对于时间序列数据，如何根据历史数据预测将来，是企业经营者非常关心的重要问题之一。

预测技术在统计分析中也是一个庞大的体系，众多预测模型被用来做数据预测，如Arima、灰色预测、神经网络、微分方程等，但是从数据预测的本质来看，要想对数据预测准确，难度还是相当大的，尤其是对社会科学领域的数据预测。

以我们经常谈论的房价为例，影响房价的因素非常多，国家总人口、人口结构、城乡差距、经济发展水平、人的观念及文化、国家的货币发行速度和节奏、政府相关政策等都可能对房价有影响，我们要建立一个能够囊括众多因素的数据模型，难度相当之大。另外，诸如人的观念及文化这种偏主观的因素，进行建模量化处理的难度也很大。

9.2 数据分析的常见方法

数据分析的方法非常多，据笔者不完全统计，常用的数据分析方法接近 30 种，而且数据分析方法的分类标准也不统一。笔者总结了常见的数据分析方法如下。

9.2.1 标识分析法

标识分析法通过在数据中加入相应的标记来进行业务提示和分析。我们熟知的 Excel 软件中的条件格式功能就可以根据不同的分析目标在 Excel 表单中标识不同的颜色、线条，这就是标识分析法的应用之一。

从难度和深度来看，标识分析法似乎并不能称为一种"数据模型"，但是因为其简明易用等特点，标识分析法在在实际工作中获得了较多的应用。

本书主要介绍 Python 数据分析，但是根据笔者的了解，Excel 软件中的条件格式功能比较强大，特别是将条件格式和公式函数相结合，能够满足较多的分析场景需求，因此建议读者在有时间、有兴趣的情况下多钻研 Excel 软件中的条件格式功能。

以本书配套的数据文件"条件格式 .xlsx"为例。打开该文件，从工作表的 B2 单元格开始选择到单元格 F54，部分数据示例如表 9-1 所示。

表 9-1 数据文件"条件格式 .xlsx"中的数据示例

周次	冰箱销售金额 / 元	彩电销售金额 / 元	电脑销售金额 / 元	空调销售金额 / 元	相机销售金额 / 元
1	120 214	91 839	20 507	260 200	70 017
2	353 726		35 732		64 907
3	198 125	420 176	100 195	473 716	130 380
4	232 971	422 405	39 352	560 521	146 681
5	154 294	121 973		133 568	108 451
6	287 925			345 516	

以下代码（见本书配套的代码 9-1）实现了对数值在 60 万以上的数据进行颜色标注的功能：

```python
from openpyxl  import load_workbook
from openpyxl.styles import Font, colors, Alignment
wb = load_workbook('条件格式 .xlsx')
sheet=wb['Sheet1']
font = Font(name='Arial',    # 字体
        sz=11,     # size, 字号
        b=True,     # bold, 加粗
        i=True,     # italic, 倾斜
        color="FF0000",
        )
for i in range(2,sheet.max_row+1):
  for j in range(2, sheet.max_column + 1):
```

```
    if sheet.cell(i,j).value!=None:
      if sheet.cell(i,j).value>600000:
        sheet.cell(i,j).font = font
wb.save('条件格式.xlsx')
wb.close()
```

以上代码中调用了 openpyxl 包，该包相应的知识点在之前的内容中都已经介绍过，在此不再赘述。

9.2.2 排序分析法

数据排序一直是一种简单清晰、高效的数据分析方法，可以分为简单的一维排序和比较复杂的多维排序。以表 9-2 所示的销售数据为例（见本书配套的数据文件第 9 章中"排序.xlsx"）。

表 9-2　不同区域的销售数据

区域	销量 / 个
广州	65
上海	29
上海	172
深圳	244
深圳	261
广州	121
广州	171
深圳	163

以下代码（见本书配套的代码 9-2）实现了对以上数据进行排序的功能：

```
import pandas as pd
data_test = pd.read_excel('排序.xlsx')
df = pd.DataFrame(data_test)
df_1 = df.sort_values(by=['区域','销量'],ascending=False)
df_1.to_excel("排序结果.xlsx")
```

以上代码中，先采用 pandas 读取 Excel 工作表到数据帧，再采用数据帧的 sort_values 方法实现了多列排序，并将排序结果输出到另外一个 Excel 工作簿。

9.2.3 漏斗分析法

漏斗分析法是重要且基础的业务分析方法之一，以客户数量分析为例，公司 A 的总体客户数为 300 家，那么这 300 家客户都是这家公司的有效客户吗？我们按照以下的判断逻辑进行筛选。

1）如果客户两年之内和 A 公司有合同关系，则认为其是有效客户；否则认为其不是

有效客户。假设有 160 家客户在两年之内没有和 A 公司发生合同关系，则现在有效客户
数变为 300－160=140 家。

2）增加对于客户交易金额的限制，交易金额在 X 万元之上的客户才能被认定为有效
客户。假设 140 客户中有 60 家的交易金额在 X 万元之下，则现在有效客户数变为 140－
60=80 家。

3）继续增加对于客户与 A 公司的商务接洽活动的限制，例如，必须在近六个月内和
A 公司有一定的商务接洽活动（包括询价、提出商务需求、商务拜访等）。假设 80 家客
户中有 35 家在近六个月之内没有和 A 公司进行任何商务接洽活动，则现在有效客户数变
为 80－35=45 家。

按照以上的分析方法，在 Excel 软件中绘制漏斗图如图 9-1 所示。

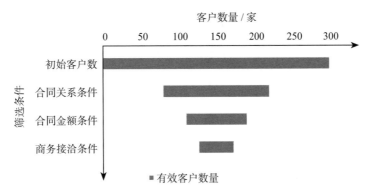

图 9-1　Excel 软件中绘制的客户数量分析漏斗图

下面绘制一个商品交易过程的漏斗图，其漏斗图的实现过程如下：访问商品页面的
人数是 100 人，其中将商品加入购物车的有 50 人，这 50 人中成功生成订单的有 30 人，
进一步支付订单的有 20 人，最终顺利支付、完成交易的有 15 人。以下代码（见本书配
套的代码 9-3）实现了绘制该漏斗图的功能：

```
from pyecharts import options as opts
from pyecharts.charts import Funnel
data_fun = [[' 访问商品 ', 100], [' 加购物车 ', 50], [' 生成订单 ', 30], [' 支付订
    单 ', 20], [' 完成交易 ', 15]]
# 创建 Funnel 对象
```

```
funnel_demo =(Funnel().add("",data_fun,sort_='descending',tooltip_opts=opts.
  TooltipOpts(trigger="item", formatter="{a} <br/>{b} : {c}%")).set_global_
  opts(title_opts=opts.TitleOpts(title=" 漏斗图示例 ")))
funnel_demo.render_notebook()
funnel_demo.render('data.html')
```

以上代码运行需要安装 pyecharts 包。代码中定义了一个列表，并且将列表绘制成 .html 文件格式的漏斗图，如图 9-2 所示。

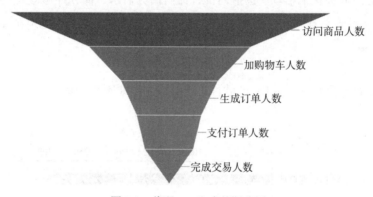

图 9-2　代码 9-3 生成的漏斗图

9.2.4　二八分析法

6.4.1 节讲解了二八系数，在企业管理领域，二八系数是指销售收入在客户分布方面的不均衡性：20% 的头部客户贡献了 80% 的销售收入。

二八系数的标准值是 80%÷20%=4。通常情况下二八系数的值越低越好，也就是我们俗称的"降二八"。二八系数越低，相当于承担 80% 销售收入的客户的占比越高，企业经营的风险就越低。

二八现象在我们工作和生活中非常普遍。在京东或者淘宝上同一品类的产品中，真正销量高的产品在该品类中的占比都比较低，也就是少量产品占据了大部分的销售市场份额。

下面来举例说明二八分析法的实现过程。表 9-3 是部分用户收入数据（见本书配套的

数据文件 "9-3 二八系数计算 .xlsx"）。

表 9-3　部分用户收入数据

用户	收入 / 元	用户	收入 / 元
用户 1	5095	用户 4	3452
用户 2	3401	用户 5	8042
用户 3	3655	用户 6	5444

以下代码（见本书配套的代码 9-4）给出了二八系数指标的生成过程：

```python
import pandas as pd
import numpy as np
df=pd.read_excel(' 二八系数计算 .xlsx')
print(df)
sorted=df.iloc[:,:2]
sorted=sorted.sort_values(by=sorted.columns[1],ascending=False)
print(' 排序过的数据: ')
print(sorted)
he=sorted.iloc[:,1].sum()
i=0
s=0
while s/he<0.8:
  i = i + 1
  s=s+sorted.iloc[i,1]
#print(s/he)
print(i)
print(' 二八系数是: '+str((s/he)/((i-1)/sorted.iloc[:,0].size)))
print(' 二八系数是: '+str(round((s/he)/((i-1)/sorted.iloc[:,0].size),2)))
```

上述代码首先将源数据文件 "二八系数计算 .xlsx" 的工作表读入到数据帧，随后将数据帧的前两列数据按照收入高低进行降序排序，计算收入总和，随后从上而下计算收入数据的累计值及其在总收入中的占比，如果该占比大于 80% 就跳出循环。二八系数的计算公式如下：

$$二八系数 = 首次达到 80\% 以上的累计收入在总收入中的占比\ /$$
$$完成该累计收入所需要的数据量在总数据量中的占比$$

如果在收入排序数据中前 27% 的客户完成了总收入的 81%，则其二八系数为 81%/27%=3。

9.2.5　异常值分析法

关于异常值，数据分析领域并没有一个明确的定义，有的国外文献把异常值称为 standalone point，翻译成中文是"孤立点"或者"离群点"。根据笔者的理解，脱离了正常的运行轨道的数据就可以称为异常值。

异常值一般可分为三种情况，如图 9-3 所示。

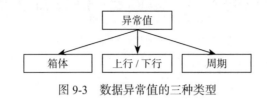

图 9-3　数据异常值的三种类型

- ❑ "箱体"（box）原来是一个金融术语，表示数据在一个箱体里上下波动。当数据触及箱体的上沿时，即往下波动；反之，当数据触及箱体的下沿时，即往上波动。当数据变动到箱体的上方或者下方（超出箱体）时，则会被视为异常值。

- ❑ 当数据位于上行/下行通道时，如果出现跟趋势相反的变化，也可以视为异常值。例如，春节过后一般气温都会转暖，如果春节过后气温大幅度下降，该温度即可以称为异常值，同样，入秋以后如果气温大幅度升高，甚至出现和夏天差不多的气温，该温度也可以视为异常值。

- ❑ 不少数据的变动都遵循周期性波动的规律，例如，一些产品的销量在一年之中会出现周期性波动，汽车、药品、饮料酒品、酒店、旅游这些行业的数据都会呈现比较显著的周期性波动。以汽车销售为例，一般在春节之后汽车销售会陷入淡季，在秋冬季节进入销售旺季，如果在春季某款车的销量大增，或者到了秋冬季节汽车销量大跌，则这些销量数据可以称为异常值。

以上只是列举了异常值判断的几种类型，其实异常值类型还有很多，笔者曾经碰到有企业将产品销售增速指标连续下滑三周的数据则视为异常值，因此，实际如何判断异常值要视具体业务和数据特征决定。

在介绍了数据异常值的基本定义和类型之后，下面介绍几种常见的数据异常值的判断方法。

1. 描述统计方法

中位数、四分位数、十分位数是结构分析的重要方法，也经常用于判断异常值。以十分位数为例，假设有 10 000 个数，十分位数将 10 000 个数分为十等份，每份都有 1000 个数，此时其中最大的 1000 个数和最小的 1000 个数就很有可能是异常值。

Pandas 中的 describe 方法可以轻松地实现中位数和四分位数的功能。下面介绍利用 NumPy 包实现十分位数的过程，代码如下（见本书配套的代码 9-5）：

```
import numpy as np
a = np.random.randn(10000, 1)
print(" 中位数 ",np.median(a))
print(" 最大值、最小值 ",np.max(a),np.min(a))
b=10
while b<=90:
  print(b,np.percentile(a,b))
  b=b+10
```

上述代码首先导入 NumPy 数据包，用 NumPy 包的 random.randn 方法创建一个平均值为 0、方差为 1、行数为 10 000 行以及列数为 1 列的数组 a，随后输出 a 的中位数、最大值和最小值。定义 b 初值为 10，用一个 while 循环语句输出数组 a 的 b 分位数，每次循环指针 b 递增 10。

程序输出结果如下：

```
中位数 0.01912411864590679
最大值、最小值 3.694399580648093 -3.7448634594127634
10 -1.2740990013361975
20 -0.8225603539871446
30 -0.5012554295049837
40 -0.233526263816629127
50 0.01912411864590679
60 0.2667935467056822
70 0.5455150315778095
80 0.8495926897268766
90 1.2856496349638897
```

从以上输出结果可以看到，数组 a 的中位数为 0.019，非常接近正态分布的均值 0，最大值和最小值分别是 3.69 和 −3.74。程序随后输出数组 a 的 10%、20%……90% 分位数，以 10% 分位数 −1.27 为例，数组 a 中有 1000 个数据小于 −1.27，有 9000 个数大于 −1.27。

2. 三倍标准差法

三倍标准差是针对有时间序列关系的数据进行异常值抓取的方法。标准差是衡量数据波动的重要指标，如果数据在正常范围内波动，我们进行观察和跟踪即可；如果数据波动比较剧烈并且超出了正常范围，则认为数据波动有异常，或者说数据出现了异常值。图 9-4 所示是用三倍标准差法标注异常值。

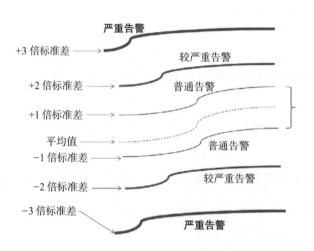

图 9-4　用三倍标准差法标注异常值

图 9-4 中间的虚线表示数据的平均值。该方法认为如果数据围绕着平均值波动并且变动范围在正负一倍标准差之间，则数据位于正常的波动范围之内；如果数据波动范围相对于移动平均值超过了一倍标准差，也就是数据的波动范围上升到距离移动平均值的一倍标准差和两倍标准差之间，此时就是普通告警（一级告警）；如果数据波动范围相对于移动平均值超过了二倍标准差，也就是数据的波动范围上升到距离移动平均值的二倍标准差和三倍标准差之间，此时就是较严重告警（二级告警）；如果数据波动范围相对于

移动平均值超过了三倍标准差，也就是数据的波动范围上升到距离移动平均值的三倍标准差以上，此时就是严重告警（三级告警）。

三倍标准差法可以用严密的数学公式推导获得：在大样本的环境下，高于移动平均值三倍标准差和低于移动平均值三倍标准差的数据在总体样本中出现的概率低于 5%。

熟悉股票软件的读者可以关注一下股票操作软件。以同花顺软件为例，同花顺软件中有一个 BOLL 指标，也称为布林线指标。图 9-5 所示是同花顺股票软件中的布林线。

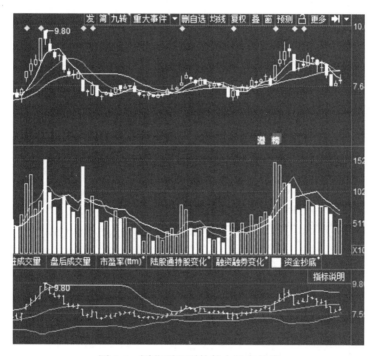

图 9-5　同花顺股票软件中的布林线

图 9-5 中最上面的图形是股票的 K 线图，中间的图形是成交量，最下面的图形是布林线（BOLL 指标）。布林线中居中的线表示移动平均值，上面和下面的线分别表示三倍标准差的线。可以看到，一般股票价格触到上面的那根线，股价就会下跌，反之，触到下面的线则会上涨。总的来说，股价大概率在正三倍标准差和负三倍标准差之间的范围内波动。

如下 Python 代码实现了三倍标准差法的应用（见本书配套的代码 9-6 ）：

```python
import openpyxl
import pandas as pd
from openpyxl.reader.excel import load_workbook
from openpyxl.styles import colors, fills, Font
wk=openpyxl.load_workbook(" 异常值分析案例 .xlsx")
sht=wk["Sheet1"]
# 首先恢复默认字体
font_def = Font(name='Arial',          # 字体
           sz=sht.cell(2,1).font.sz,      # size  字号
           b=sht.cell(2,1).font.b,      # bold 加粗
           i=sht.cell(2,1).font.i,      # italic 倾斜
           underline=sht.cell(2,1).font.underline,      # 下划线
           strike=sht.cell(2,1).font.strike,       # 删除线
           color=sht.cell(2,1).font.color,
           )
for i in range(3,sht.max_row+1):
  sht.cell(i,1).font=font_def
font1 = Font(name='Arial',     # 字体
           sz=11,     # size, 字号
           b=True,      # bold, 加粗
           i=True,      # italic, 倾斜
           underline='single',      # 下划线
           strike='None',        # 删除线
           color=colors.Color(rgb='FF0000'),
           )
font2 = Font(name='Arial',     # 字体
           sz=11,     # size, 字号
           b=True,      # bold, 加粗
           i=True,      # italic, 倾斜
           underline='single',      # 下划线
           strike='None',        # 删除线
           color=colors.Color(rgb='FFFF00'),
           )
font3 = Font(name='Arial',     # 字体
           sz=11,     # size, 字号
           b=True,      # bold, 加粗
           i=True,      # italic, 倾斜
           underline='single',      # 下划线
           strike='None',        # 删除线
           color=colors.BLUE,
           )
```

```
def status(sht,i):
  a=[]
  for j in range(5):
    a.append(sht.cell(i-j-1,1).value)
  print(a)
  df1 = pd.DataFrame(a)
  if abs(sht.cell(i,1).value-float(df1.mean()))>3*float(df1.std()):
    sht.cell(i, 1).font=font1
  else:
    if abs(sht.cell(i,1).value-float(df1.mean()))>2*float(df1.std()):
      sht.cell(i, 1).font = font2
    else:
      if abs(sht.cell(i, 1).value - float(df1.mean())) > float(df1.std()):
        sht.cell(i, 1).font = font3
for i in range(7,sht.max_row+1):
  status(sht,i)
wk.save("异常值分析案例.xlsx")
wk.close()
```

上述代码用 openpyxl 包打开要操作的 Excel 文件，该 Excel 文件只有销量这一列数据。本代码取移动平均周期为 5 天，在笔者做过的异常值分析的案例中，也有学员取销售数据的移动平均周期为 7 天，这是因为销售工作每天都在发生，因此该学员取一周的天数 7 天。

代码随后恢复了 Excel 文件中的原始字体格式，并定义 font_def 字体。font_def 字体的相关属性取自工作表第二行第一列的单元格的各种属性，如 name、sz、b、i 等，分别代表字体的名称、尺寸、加粗、斜体等。

> **注意** 以上恢复（清空）单元格中的字体的动作在各种编程工作中经常出现，我们往往很难保证编程会一次性成功，如果每次程序执行完毕都要手工恢复，则会耗时耗力，且如果代码用来处理大数据，那么手工恢复相关单元格的属性不现实，因此往往在程序执行之初就需要对于原始数据进行复位，读者应该对这些编程思路逐步熟悉并且实际应用。

接着代码定义了 font1、font2、font3 三种字体，这三种字体的颜色分别是红、黄、蓝，分别用于超过三倍标准差、两倍标准差和三倍标准差之间、一倍标准差和两倍标准差之间这三种情况。再定义了 status 函数，该函数中先定义了一个空列表，随后将数据的前 5 个值放到空列表中，再将列表 a 读入 pandas 的数据帧 df1 中。这样做的目的是利用数据帧的特性快捷地计算出前 5 个数据的移动平均数和移动标准差，再根据不同的情况给单元格标注不同的颜色。

9.2.6 对比分析法

对比分析方法是业务分析和数据分析中最重要的方法之一，是指将分析目标跟设定的标杆进行对比。例如，跟国外、国内表现优秀的同行相比，跟企业内部表现优秀的团队、个人相比，找出相应差距，得到相应结论。

以下以 Excel 软件的数据透视表为例说明对比分析法的应用（源文件数据见本书配套的"数据透视表 .xlsx"）。在 Excel 中打开该文件，选中工作表中数据并且生成数据透视表，在数据透视表的行标签中选择"业务员"字段，在数据透视表的列标签中选择"品名"字段，在∑值下选择"金额"字段。图 9-6 是数据透视表功能的字段列表。

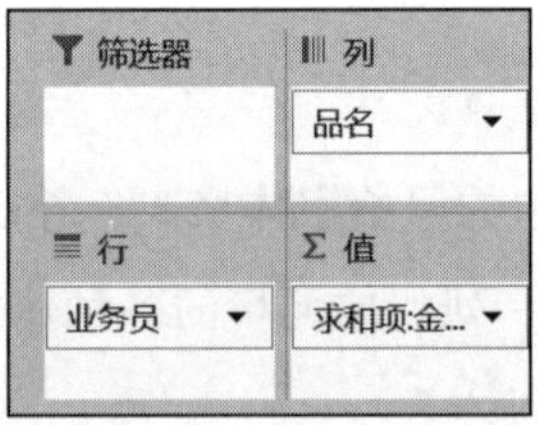

图 9-6　数据透视表功能的字段列表

图 9-7 是使用数据透视表功能的数据展示界面。

求和项:金额	列标签							
行标签	CPU	DVD光驱	打印机	内存条	显示器	硬盘	主板	总计
李小杰	1600	1015		6730	15998	2560	1700	29603
李友合					16120		16140	32260
刘小川		7230		6030		5280		18540
王宏伟	39900		61080		7080			108060
魏漫漫	2340	3120		7560		5760		18780
总计	43840	11365	61080	20320	39198	13600	17840	207243

图 9-7　使用数据透视表功能的数据展示界面

　　从图 9-7 可以看出，业务员王宏伟的业绩比较好，以王宏伟为业务对比标杆，在透视表界面上选择任何一个单元格，右击打开菜单，见图 9-8。

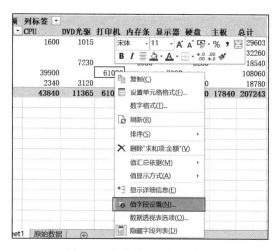

图 9-8　右击单元格打开菜单

　　图 9-8 中选择"值字段设置"后，进入的界面见图 9-9。

图 9-9　值字段设置的界面

　　在图 9-9 中，选择"值显示方式"(A)，在该项的下拉菜单中选择"差异"，基本字段处选择"业务员"，基本项处选择"王宏伟"，再单击"确定"。结果见图 9-10。

求和项:金额	列标签							
行标签	CPU	DVD光驱	打印机	内存条	显示器	硬盘	主板	总计
李小杰	-38300	1015	-61080	6730	8918	2560	1700	-78457
李友合	-39900	0	-61080	0	9040	0	16140	-75800
刘小川	-39900	7230	-61080	6030	-7080	5280	0	-89520
王宏伟								
魏漫漫	-37560	3120	-61080	7560	-7080	5760	0	-89280
总计								

图 9-10　数据透视表中其他业务员与王宏伟的对比分析

从图 9-10 可以看出，其他业务员和王宏伟在各产品销售上的差距都显示出来了，例如，在内存条这一产品的销售中，魏漫漫比王宏伟多销售了 7560 元。

9.2.7　分组（类）分析法

分组（类）不仅仅是数据分析的重要方法，还是解决现实生活问题的重要方法。我们在现实生活中碰到问题，一般会分析该问题产生的原因，并且对问题的原因进行分类。

对于一维或者二维数据，做分类还是比较容易的，但是对于高维度数据，要想分类就比较麻烦了。针对高维度数据的分类方法，我们称之为聚类。

在 Python 关于数据的分析模型中，分类分析形成了一个比较复杂的体系，针对不同的数据类型，有不同的分类的包。因为分类模型比较复杂，所以我们将这部分内容放在第 11 章聚类中做具体介绍。

9.2.8　因果关系判断法

数据分析工作的主要内容之一就是寻找数据之间的关系，其中相关分析和回归分析是数据统计及数据挖掘领域内发掘数据之间关系的重要手段，这两类分析方法在这方面的使用频率都很高。

相关分析是分析数据之间相关性的模型。例如，产品的销量和价格之间往往是负相关关系：价格上升，产品的销量一般会下降；价格下降，产品的销量一般会上升。而企业的促销费用和销售业绩之间一般是正相关关系：促销费用上升则销售业绩上升，反之则下降。

回归分析是将历史数据进行拟合以得到相关规律并用来推测未来数据的方法。回归分析的输出结果往往是一个方程式，如 $y=ax_1+bx_2+cx_3+d$。回归分析不仅可以用于分析自变量对因变量的影响，还可以用于获知自变量影响因变量的系数。

表 9-4 所示是相关分析和回归分析的对比。

表 9-4　相关分析和回归分析的对比

	因变量和自变量个数	分析内容	典型应用场景
相关分析	1:1	两个变量之间的相关性	市场竞争态势分析、投入产出分析等
回归分析	1:n	1 个或者多个变量与研究变量之间的关系（对该关系的分析可以具体到模型中的系数）	判断多个变量对于研究变量是否有影响，可以用来实现一定程度的数据预测

这两种分析方法的内容比较多，因此我们将在第 10 章进行专门讲解。

9.2.9　假设排除分析法

假设排除分析法是一种不使用定量模型的分析方法。例如，销售业绩不好，一般会逐一排查如下可能的原因：产品问题、价格问题、促销问题、渠道问题、销售人员工作积极性问题等。经过排查，一般就能够找到销售业绩不好的原因。

在笔者做培训的过程中，曾经有学员问笔者，在这么多数据分析方法中，哪些是最重要并且最常用的？笔者的回答是对比分析法和假设排除分析法。这两种方法都不涉及复杂晦涩的模型，对于数据分析的初学者来说简单易用。

9.2.10　趋势分析法

趋势分析法同样没有使用对应的定量模型，该方法通过定性和定量来探索相应的业务数据变化的趋势。以大家普遍关注的房市和车市为例。中国房地产市场从 2002 年以来就进入了"大牛市"，在过去的十多年的时间里全国房价普涨了十倍左右。目前政府在房价调控方面给出了多种精准调控的方式方法，已经取得了一定的成效，加上国内现在生育率不断走低，从整体趋势上看，中国房地产发展的黄金时间已经过去，买房获得超额收益的时代基本过去了。

车市也是一个应用趋势分析法的很好的例子。中国私家车市场在过去的十多年间同样经历了高速发展期，而目前从数据上看中国城市私家车保有量已经较大，大部分城市的交通都比较拥堵，住宅小区的停车位资源普遍非常紧张，加上城市公共交通的发展，中国城市居民的开车意愿已经明显下降。据相关报道，目前上海很多居民的私家车大部分时间都处于闲置状态，居民到市中心大多数优先选择"地铁＋共享单车"的出行方式，因此中国车市发展的黄金时代也基本过去了。

第 10 章 *Chapter 10*

相关与回归

相关与回归是分析数据间关系的重要手段，这两个分析工具既有一定的相似之处，也有其不同的应用面。从技术复杂度角度看，回归比相关分析要复杂得多。

10.1　相关

10.1.1　相关分析的含义

"城门失火，殃及池鱼"这句话是比较贴切的解释相关的例子，它表示一些看起来没有多少关联性的事物之间其实是有关系的。对于数据来说也是如此，相关分析借助数据增量之间的关联性来描述数据之间的关系。

在现实生活中，不少事物之间也具有相关关系。例如，中国各地区房价和 M2（M2 是国家广义货币发行的一个指标）之间的关系。有专家学者分析过中国各地区房价和 M2 之间的相关系数，发现相关系数非常高，基本上都在 0.9 以上，这说明两者之间的关系非常密切。

相关分析聚焦于分析数据增量之间的关系。例如，有两个指标 A 和 B，A 和 B 的值分别是 100 和 10，若 A 现在变化为 110，变化了 10%，而 B 的变化有多种情况，表 10-1 所示是对 A、B 数值的相关分析。

表 10-1 对 A、B 数值的相关分析

原来的 A	原来的 B	变化后的 A	变化后的 B	A 变化百分比	B 变化百分比	数据间关系
100	10	110	10.9	10%	9%	正高相关
100	10	110	9.1	10%	−9%	负高相关
100	10	110	10.6	10%	6%	中等正相关
100	10	110	9.5	10%	−5%	中等负相关
100	10	110	10.001	10%	0.1%	正低相关
100	10	110	9.9	10%	−1%	负低相关

从表 10-1 可以看出，相关分析的逻辑用公式表示为

$$\frac{\Delta A / A}{\Delta B / B}$$

如果两个指标之间有关联关系，那么一个指标有变动，另外一个指标也会随之变动。两个指标之间的关联关系越密切，两个指标的变动比例的趋同性就越高。

根据相关系数的绝对值，数据相关程度可以分为高相关、中等相关、低相关三种，如表 10-2 所示。

表 10-2 不同相关系数绝对值对应的数据相关程度

相关系数绝对值 $|x|$	数据相关程度	相关系数绝对值 $|x|$	数据相关程度
$|x| \geqslant 0.7$	高相关	$0.3 \leqslant |x| < 0.5$	中低相关
$0.5 \leqslant |x| < 0.7$	中高相关	$|x| < 0.3$	低相关

相关系数 x 的分布在 −1 和 1 之间。按照相关系数的绝对值计算，一般 $|x|$ 在 0.7 以上视为高相关，在 0.5 和 0.7 之间视为中高相关，在 0.5 和 0.3 之间视为中低相关，在 0.3 以下则视为低相关。

　　相关分析有两种实现方式：一是单独分析两个指标之间的关系，二是按照矩阵方式批量分析多个指标之间的关系。考虑到 Excel 软件使用的普遍性，下面先介绍 Excel 软件中相关分析的实现步骤。

10.1.2　相关分析在 Excel 软件中的实现

　　首先在 Excel 软件中安装"数据分析"模块。打开 Excel 软件的"文件"菜单，如图 10-1 所示。

图 10-1　Excel 软件的"文件"菜单

　　单击图 10-1 中的"选项"，进入图 10-2 所示的"Excel 选项"界面。

　　单击图 10-2 中的"转到 (G)..."按钮，会出现图 10-3 所示的"加载宏"界面。

　　在图 10-3 所示的界面中，勾选"分析工具库"，并单击"确定"按钮，即可进行数据分析包的安装。如果安装过程中提示错误，一般都是因为 Office 文件不完整。安装结束后，单击 Excel 软件主菜单栏上的"数据"项，如果在"数据"菜单中看到"数据分析"功能，就表明安装成功。图 10-4 所示是 Excel 软件中的"数据"菜单。

　　数据分析插件安装好之后，就可以做相关分析了。以本书配套的数据文件夹"相关与回归"下的"相关 1.xlsx"文件中的工作表为例，假设要分析其中 C、D、E、F 四列的相关系数，进入"数据分析"界面，如图 10-5 所示，从中选择"相关系数"子模块。

图 10-2 "Excel 选项"界面

图 10-3 "加载宏"界面

图 10-4 Excel 软件中的"数据"菜单

图 10-5　Excel 软件中的"数据分析"界面

单击图 10-5 中的"确定"按钮，进入图 10-6 所示的"相关系数"界面。

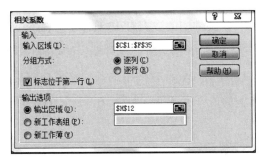

图 10-6　Excel 中的"相关系数"界面

在图 10-6 的"输入区域"中选择要分析的数据区域。由于数据是按照列放置的，因此"分组方式"选择"逐列"。如果选择的数据区域的第一行是表头，则勾选"标志位于第一行"。在"输出选项"栏下选择"输出区域"，具体位置处选择本工作表的一个位置即可。图 10-7 所示是相关分析的输出结果。

	1～6 月全部业务	1～6 月整车	1～6 月非整车	1～6 月零担
1～6 月全部业务	1			
1～6 月整车	0.832282	1		
1～6 月非整车	0.777088	0.475741	1	
1～6 月零担	0.483383	−0.05687	0.475765	1

图 10-7　相关分析的输出结果

图 10-7 的输出结果是半矩阵的形式，这是因为矩阵是沿对角线呈对称分布的，所以没必要重复输出。矩阵对角线上的数字都是 1，1 表示与自身的相关系数。

从图 10-7 可以得到 "1～6 月全部业务" 和 "1～6 月整车" 的相关系数约是 0.83，表明这两个业务之间为高相关关系；"1～6 月全部业务" 和 "1～6 月非整车" 的相关系数约是 0.78，表明这两个业务之间同样为高相关关系；"1～6 月全部业务" 和 "1～6 月零担" 的相关系数是约 0.48，表明这两个业务之间为中低相关关系。从相关系数的角度出发，如果要提高全部业务的收入，则可以首先考虑提高整车业务的收入，其次考虑提高非整车业务的收入，最后考虑提高零担业务的收入。

以上例子中我们分析了四列数据的相关系数，其结果是一个 4×4 的矩阵。如果分析并比较多列数据的关系，形成的矩阵会比较大。以本书配套的数据文件夹 "相关与回归" 下的 "相关 2.xlsx" 为例，该文件中的数据有 13 列之多，如果对该文件中的数据进行相关分析，那么其结果是一个 13×13 的矩阵。这种规模的矩阵用肉眼来观察及判断已经有点困难了，此时我们可以考虑用 Excel 软件中的条件格式功能进行标注。例如，要标注相关系数绝对值在 0.5 以上的值，可以进行如图 10-8 所示的相关设置。

图 10-8　对比较大的相关系数矩阵进行条件格式标注

在图 10-8 所示的公式中，B2 是相关系数矩阵左上角位置的单元格地址，逻辑表达式 B2<1 表示不标注相关系数是 1 的单元格，这样相关系数矩阵对角线上的数值就不会被标注；ABS 是绝对值函数，ABS(B2)>=0.5 表示标注绝对值在 0.5 及以上的值。对 Excel 文件 10-2 的数据进行相关分析。用条件格式标注相关系数绝对值在 0.5 及以上的数据并输出，如图 10-9 所示。

	性别	年龄	因素1	因素2	因素3	因素4	因素5	因素6	因素7	因素8	因素9	因素10	生病
性别	1												
年龄	0.095473	1											
因素1	0.053951	0.203792	1										
因素2	0.031943	0.164544	0.955046	1									
因素3	0.089863	0.20344	0.546053	0.465572	1								
因素4	0.019629	0.2143	0.207408	0.180964	0.233018	1							
因素5	0.014245	-0.06501	0.118708	0.117665	0.095459	0.122085	1						
因素6	0.071829	0.123763	0.375494	0.356265	0.433083	-0.05517	0.101217	1					
因素7	0.17902	-0.24139	-0.07414	-0.06837	0.054606	-0.1062	0.106217	0.193601	1				
因素8	0.225372	-0.03805	0.129716	0.128012	0.118952	-0.02861	0.071038	0.298882	0.728015	1			
因素9	0.063953	0.236611	0.344493	0.312333	0.386864	0.217353	0.116816	0.166439	-0.05379	0.085487	1		
因素10	0.011115	0.14536	0.141668	0.124989	0.260782	0.177808	0.196972	0.139503	0.130457	0.082296	0.576939	1	
生病	0.129069	0.376995	0.565508	0.532450	0.444359	0.382325	0.257899	0.259591	-0.11172	0.019388	0.518459	0.343262	1

图 10-9　用条件格式标注相关系数绝对值在 0.5 及以上的数据

从图 10-9 可以得到：与"生病"这一因素呈中高相关关系的因素分别是因素 1、因素 2、因素 9。

除了采用相关系数矩阵的方式之外，也可以采用 Excel 函数来求解变量之间的相关系数，相应的 Excel 函数为 CORREL。以本书配套的数据文件夹"10 相关与回归"下的"相关 1.xlsx"为例，用 CORREL 函数计算"1 ～ 6 月全部业务"和"1 ～ 6 月整车"之间的相关系数。图 10-10 所示是用相关系数矩阵和用 CORREL 函数求得的相关系数的结果对比。

	1 ～ 6 月全部业务	1 ～ 6 月整车	1 ～ 6 月非整车	1 ～ 6 月零担
1 ～ 6 月全部业务	1			
1 ～ 6 月整车	(0.832282)	1		
1 ～ 6 月非整车	0.777088	0.475741	1	
1 ～ 6 月零担	0.483383	-0.05687	0.475765	1
(0.832282267)				

图 10-10　用相关系数矩阵和用 CORREL 函数求得的相关系数的结果对比

从图 10-10 可见，用 CORREL 函数和用相关系数矩阵计算的结果完全一致。两种计算方式的差异如下：用 CORREL 函数只能逐个计算变量之间的关系，而矩阵运算可以一次性计算出所有指标两两之间的相关关系；另外，CORREL 函数的计算结果是易失的，即如果对应的源数据发生了变化，CORREL 函数的结果也会随之发生变化，但是相关系数矩阵的结果并不易失，即使对应的源数据发生变化，其结果也不发生改变，需要手工刷新。

相关系数矩阵由于其简便高效的特点，被数据分析工作者广泛采用。并且，相关系数矩阵分析法已经与大数据扫描法紧密联系在一起了，我们在实际工作中可以考虑对可能有关系的数据做相关系数矩阵分析，或许可以得到很多有用的结论。

10.1.3　相关分析在 Python 中的实现

在 Python 中有几种实现相关分析的方法，首先看相关分析在 pandas dataframe 中的实现，代码如下（见本书配套的代码 10-1）：

```python
import pandas as pd
import numpy as np
s1=pd.Series(np.random.rand(10))
s2=pd.Series(np.random.rand(10))
print('************************************************************')
print(s1.cov(s2))
print('************************************************************')
frame=pd.DataFrame(np.random.rand(10,5),columns=['a', 'b', 'c', 'd', 'e'])
print(frame.cov())
print(' 这里输出数据帧 a 和 b 之间的 pearson 相关系数 ')
print(frame['a'].corr(frame['b']))
print(' 这里输出数据帧的 pearson 相关系数 ')
print(frame.corr())
```

上述代码中，首先构造了两个包含 10 个数组的一维数据，并采用数据帧的 cov 方法获得这两个数组的相关系数，然后构造了一个 10 行 5 列的数据帧，再用数据帧的 cov 方法获得 5 列数据之间的相关系数，最后输出结果以矩阵方式呈现。

除了数据帧的 cov 方法之外，上述代码也采用了 corr 方法，frame['a'].corr(frame['b']) 的计算方法与上面 Excel 软件中的 CORREL 函数的用法完全相同。以上代码输出如下：

```
************************************************************
2.2271938799734655e-05
```

```
**************************************************************
           a          b          c          d          e
a   0.128908  -0.053074  -0.029472  -0.030036  -0.005509
b  -0.053074   0.125561   0.021855   0.056814  -0.016485
c  -0.029472   0.021855   0.049642   0.006820  -0.012321
d  -0.030036   0.056814   0.006820   0.093643   0.025847
e  -0.005509  -0.016485  -0.012321   0.025847   0.034262
```
这里输出数据帧 a 和 b 之间的 pearson 相关系数
```
-0.4171736780568117
```
这里输出数据帧的 pearson 相关系数
```
           a          b          c          d          e
a   1.000000  -0.417174  -0.368422  -0.273381  -0.082897
b  -0.417174   1.000000   0.276817   0.523952  -0.251335
c  -0.368422   0.276817   1.000000   0.100022  -0.298753
d  -0.273381   0.523952   0.100022   1.000000   0.456323
e  -0.082897  -0.251335  -0.298753   0.456323   1.000000
```

在 frame.corr() 的输出中，可以看到对角线的位置都是 1，这与 Excel 软件中相关系数矩阵的输出结果完全一致。另外，输出矩阵围绕对角线呈现对称分布，即 a 和 b 的相关系数与 b 和 a 的相关系数相同。

下面介绍 Python 的 SciPy 包中对于相关分析的实现过程，代码如下（见本书配套的代码 10-2）：

```python
from scipy import stats
x=[1,2,3,4,5,6,7,8,9,10]
y=[1,2,3,7,5,6,7,8,8.8,10]
print(stats.pearsonr(x,y))
print(stats.pearsonr(x,y)[0])
print(stats.pearsonr(x,y)[1])
```

上述代码在 SciPy 包中导入 stats 方法，调用 stats 的 pearson 包来求解相关系数，输出结果如下：

```
(0.9493871836023705, 2.7001978446791177e-05)
0.9493871836023705
2.7001978446791177e-05
```

在 stats.pearsonr(x,y) 中，x 表示两个指标的相关系数，y 代表显著性指标。以下介绍显著性指标的原理，此指标涉及假设检验，是统计分析的基础指标之一。

假设我们用 100 个问题去询问同一个人，一般人回答问题总是有对有错的，那么需要他正确回答多少次我们才能信任他呢？需要他 100 次都回答正确吗？100% 回答正确的难度显然太高了，因此我们设定了一个标准，即要求回答的准确率达到 95%，即 100 次中如果回答正确的次数大于 95，我们就认为回答的正确率相当高了，这个人就是值得信任的，或者说允许对方回答错误的次数小于 5。该标准中的 95% 就体现了"置信度"的概念，即一个事件重复 100 次，如果有 95% 以上的概率出现某个结果，我们就认为这一结果是可信的。

在统计分析中，与置信度这一概念密切相关的另一个重要概念就是"假设检验"。假设检验的现象在现实生活中出现的频率很高，例如，我们在跟别人初次打交道时常常会产生第一印象，但是此时我们对这个人并没有多少了解，所以产生第一印象就是做"假设"。如果在做完"假设"之后，我们还要和这个人继续打交道，就形成了"检验"。如果在后续的"检验"过程中认为此人的各方面表现都不错，那就可以继续交往；如果认为此人表现不好，那就敬而远之、少打交道。这就是一个典型的假设检验过程。

在一般的统计模型中，假设检验的步骤如下。

1）运行统计模型，如回归或者相关分析。

2）模型的初始假设有两个：一是假设要分析的两个变量之间没有关系，如指标 a 和 b 无关；二是假设 $a=b$，或者 $a-b=0$。

3）模型运行完后会出现一个显著性指标，记为 x。

4）一般情况下，如果 $x \geqslant 0.05$，则维持原假设，即变量 a 和 b 之间没有关系，或者 $a=b$；如果 $x < 0.05$，则推翻原假设，即变量 a 和 b 之间有关系，或者 $a \neq b$。

5）一般我们考量显著性指标时，都是采用 0.05 的显著性标准。如果数值分析需要高精度，如对制造精度要求较高的制造业，则可以采用更高标准的显著性指标，如 0.01。

10.2 回归

顾名思义，回归（regression）就是从历史数据中寻找规律并且预测将来的情况。

从数据逻辑的角度来看，回归是否有效取决于两个方面的逻辑是否成立：一是对于历史数据的选择是否合适以及是否选择了合适的模型；二是由历史数据得出的结论能否应用于将来。

在讲解具体的回归技术之前，首先介绍回归的分类，而变量的类型在回归分类中起到了重要的作用。

从是否具有连续性的角度看，变量可以分为两大类：一类是连续变量；另一类是非连续变量，也称为离散变量。气温、经济增速、销量等都是连续变量，例如，气温可以在 -40℃ 和 50℃ 之间连续变动，产品销量可以在一定范围内波动等。离散变量也称为跳跃变量或者分类变量。例如，我们在描述住院病人康复出院一段时间后的情况时，一般按照"痊愈""部分愈合""愈合情况一般""复发"等来描述。再例如，描述电视节目收视率，一般划分为"收视率高""收视率较高""收视率一般""收视率较低"。

相对于连续变量而言，离散变量只有少数几个取值，一般不会超过 10 个。离散变量可以分为有序离散和无序离散两种。以空气质量为例，可以按照"优""良""中""轻度污染""中度污染""重度污染"排序，因此描述空气质量的这些指标称为有序离散变量。与之相对，我们将不方便排序的离散变量定义为无序离散变量，如品牌、城市等。

因变量是我们通常讲的 y，也就是我们关注的变量，如销量、气温、经济增长率等。自变量是对因变量有影响的因素，自变量往往不止一个，也就是我们熟知的方程式中的 x。

> **注意** 在做回归分析之前，一定要注意因变量和自变量之间的逻辑关系，也就是确保自变量对因变量确实是有影响的，否则就变成数字游戏了。

图 10-11 所示是按照因变量类型进行回归分类。按照因变量是连续变量还是离散变量，我们可以将回归分为连续回归和 Logistic 回归。

如图 10-11 所示，当因变量是连续变量时，回归分为线性回归和非线性回归。线性回归是一种假设因变量和自变量的关系呈直线分布的回归模型，非线性回归是一种假设因变量和自变量的关系呈非线性曲线（包括空间曲线）分布的回归模型。当因变量是离散变量时，Logistic 回归根据因变量类型的不同可以分为二元 Logistic 回归和多元 Logistic 回归。如果因变量是二元变量，如因变量是"买"和"不买"或者"治愈"和"没有治愈"，就构成了二元 Logistic 回归。如果因变量有三个或者三个以上的取值，则可以对回归类型进行进一步划分：如果多个变量可排序，则称为多元有序 Logistic 回归；如果变量之间没有明确的次序，则称为多元名义 Logistic 回归。

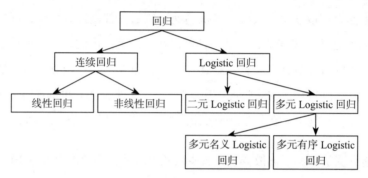

图 10-11　按照因变量类型进行回归分类

10.2.1　线性回归

以下代码（见本书配套的代码 10-3）实现了线性回归：

```
import pandas as pd
import numpy as np
import sys
import os
import matplotlib.pyplot as plt
up=os.path.abspath(os.path.join(os.path.dirname("__file__"),os.path.pardir))
print(up)
data=pd.read_excel(up + '/' +'单变量线性和非线性回归.xlsx',sheet_name='源数据')
print(data)
data_y=data['销售到款金额']
data_x=data['销售费用']
plt.xlabel("销售费用（万元）",FontProperties='STKAITI',fontsize=12)
plt.ylabel("销售到款金额（万元）",FontProperties='STKAITI',fontsize=12)
```

```python
print(data_y)
print(data_x)
plt.scatter(data_x,data_y)
plt.show()
# 划分训练集和验证集
from sklearn.model_selection import train_test_split
#test_size 表明是验证集的比例
train_x,valid_x,train_y,valid_y=train_test_split(data_x,data_y,test_
    size=0.33,random_state=1)
print(' 输出训练集和验证集 ')
print(' 输出 train_x')
print(train_x)
print(' 输出 train_y')
print(train_y)
print(' 输出 valid_x')
print(valid_x)
print(' 输出 valid_y')
print(valid_y)
from sklearn.linear_model import LinearRegression
model=LinearRegression()
model.fit(train_x.values.reshape(-1,1),train_y)
print(' 输出回归的系数 ')
print(model.coef_)
print(' 输出回归的截距 ')
print(model.intercept_)
print(' 输出回归的 R 方 ')
print(model.score(train_x.values.reshape(-1,1),train_y))
# 在验证集上做验证
#s=valid_x.values.reshape(-1,1)
#pred=model.predict(s)
# 做可视化对比
xp=np.linspace(valid_x.min(),valid_x.max(),30)
xp=xp.reshape(-1,1)
pred=model.predict(xp)
plt.scatter(valid_x,valid_y)# 真实数据
plt.scatter(xp,pred)# 预测数据
plt.show()
```

以上代码从源数据中读取数据到数据帧中，再用 Matplotlib 画图。图 10-12 所示是进行简单线性回归时输出的全部数据的散点图。

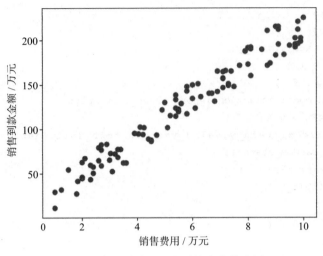

图 10-12　简单线性回归时输出的散点图

可以看出，两个分析变量基本呈线性关系，因此采用线性回归模型进行分析。代码中先将要分析的数据分为训练集和验证集，训练集和验证集中数据量的比例为 2:1，再调用 LinearRegression 方法对数据进行回归分析，得到的回归系数如下：

```
[20.62227951]
```

得到的回归截距如下：

```
8.620889645874087
```

得到的回归 R 方如下：

```
0.9603581501468482
```

R 方即 R 平方，也可以表示为 R^2，这是一个数据拟合的指标。对于散点图而言，回归可以理解为尽可能用一条线把图中的散点串起来，我们称此过程为"数据拟合"。图 10-13 所示是数据拟合的示意图。

图 10-13 中的三条线都试图将散点串联起来，那么这三条线中哪一条是最合适的呢？在统计学上用 R 方指标来描述这些线对于散点的拟合程度，R 方的范围是 [0,1]，R 方越靠近 1 则表示拟合的效果越好，越靠近 0 则表示拟合的效果越差。

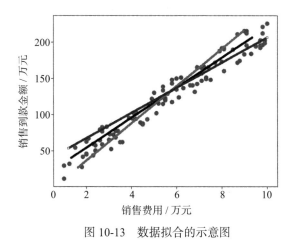

图 10-13　数据拟合的示意图

在以上的回归输出结果中，R 方是 0.96，表明曲线的拟合效果非常好。而回归系数是 20.6，截距是 8.62，回归方程可以写为 $y=8.62+20.6x$。

10.2.2　非线性回归

自变量和因变量之间的变化趋势呈线性的情况并不多，一些变量之间呈非线性关系。以源数据文件"单变量线性和非线性回归.xlsx"的"非线性回归"工作表为例，工作表中的自变量是字段"产品上市月数"，因变量是字段"月销售收入"。图 10-14 所示是非线性回归数据的散点图。

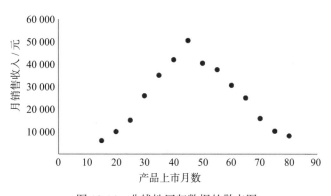

图 10-14　非线性回归数据的散点图

如图 10-14 所示，两个变量之间的关系曲线呈抛物线状。随着产品上市月数的增加，月销售收入先逐步增加，到达顶点后再逐步降低。

对于非线性关系的数据，一般采用多项式模型进行分析。多项式模型是类似于 ax^2+bx+c 的模型，代码如下（见本书配套的代码 10-4）：

```
import pandas as pd
import numpy as np
import sys
import os
import matplotlib.pyplot as plt
up=os.path.abspath(os.path.join(os.path.dirname("__file__"),os.path.pardir))
print(up)
data=pd.read_excel(up + '/' +'单变量线性和非线性回归.xlsx',sheet_name='非线性回归')
print(data)
#plt.
data_y=data['月销售收入']
data_x=data['产品上市月数']
print(data_y)
print(data_x)
#plt.scatter(data_x,data_y)
#plt.show()
for degree in range(2,7):
  weights=np.polyfit(data_x,data_y,degree)
  print('输出回归的系数')
  print(weights)
  model=np.poly1d(weights)
  print('现在打印model:')
  print(model)
  xp = np.linspace(data_x.min(),data_x.max(),14)
  pred_plot = model(xp)
  plt.scatter(data_x, data_y, facecolor='None', edgecolor='k', alpha=0.3)
  plt.plot(xp, pred_plot)
  plt.show()
```

以上代码先将要处理的数据读入数据帧，再进入一个循环语句，该循环语句将执行非线性回归，其中回归的自变量的最高次数从 2 到 6 进行循环。

weights=np.polyfit(data_x,data_y,degree) 中的 degree 表示回归的多项式的最高次数。当 degree 为 2 时，表示按照 ax^2+bx+c 的方程式进行回归；当 degree 为 5 时，则按照 $ax^5+bx^4+cx^3+dx^2+ex+f$ 的方程式进行回归。xp = np.linspace(data_x.min(),data_x.max(),14) 设定一个 14 等分的 x 变量的分组，再绘制实际数据的散点图和通过模型预测的数据散点图，并将两者进行对比分析。

上述程序的输出结果如下：

```
输出回归的 R 方
[-3.65398352e+01  3.46374588e+03 -4.20870467e+04]
现在打印 model：
          2
-36.54 x    + 3464 x - 4.209e+04
输出回归的 R 方
[ 1.77204168e-01 -6.17914292e+01  4.53450207e+03 -5.49653596e+04]
现在打印 model：
         3           2
0.1772 x - 61.79 x + 4535 x - 5.497e+04
```

可以看到输出的方程式中变量指数的表示方式与众不同，Python 对方程式中的变量指数采用了隔行显示的方式，而不是采用常见的 x^2 的规范表达方式。

利用 NumPy 包实现的非线性回归的输出结果中不包含回归的 R^2，所以数据的拟合程度需要观察者通过肉眼进行判断。图 10-15 所示是当回归的最高次数分别是 2 和 6 时非线性回归的输出结果。

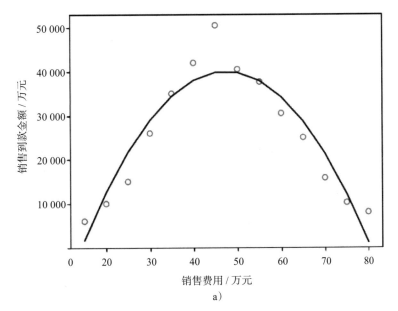

a）

图 10-15　当回归的最高次数分别是 2 和 6 时非线性回归的输出结果

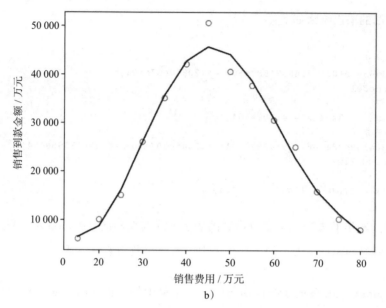

图 10-15　当回归的最高次数分别是 2 和 6 时非线性回归的输出结果（续）

图 10-15a 是回归的最高次数为 2 次时非线性回归输出的散点拟合图，图 10-15b 是回归的最高次数为 6 时非线性回归输出的散点拟合图，可以看出后者的拟合效果要明显好于前者。

10.2.3　多元线性回归

前面讨论的线性回归和非线性回归都是研究 1 个因变量及 1 个自变量的情况，在实际数据处理中经常会碰到需要研究 1 个因变量对多个自变量的情况，而对于这种情况按照非线性模型处理并不合理。下面介绍多元线性回归的模型，代码如下（见本书配套的代码 10-5）：

```
import pandas as pd
import numpy as np
import sys
import os
import matplotlib.pyplot as plt
up=os.path.abspath(os.path.join(os.path.dirname("__file__"),os.path.pardir))
print(up)
```

```
data=pd.read_excel(up + '/' +'多元线性回归.xlsx',sheet_name='Sheet1')
print(data)
#plt.
data_y=data.iloc[:,0]
data_x=data.iloc[:,1:5]
print(data_y)
print(data_x)
from sklearn.linear_model import LinearRegression
model=LinearRegression()
model.fit(data_x,data_y)
print('输出回归的系数')
print(model.coef_)
print('输出回归的截距')
print(model.intercept_)
print('输出回归的R方')
print(model.score(data_x,data_y))
```

以上代码先用 pandas 的数据帧导入因变量（1 列数据）和 4 列自变量，后续引用的
模型和之前介绍过的一元一次方程的回归模型相同，输出如下：

```
输出回归的系数
[ 0.31149242 -0.0398693   2.12904683 -0.07246385]
输出回归的截距
0.34408473596050193
输出回归的R方
0.9968367543099109
```

首先看程序输出中的 R 方，R 方约为 0.997，从 R 方的角度看回归的效果不错。根据
程序输出的截距和回归系数，得到回归方程为 $y=0.344+0.311x_1-0.04x_2+2.129x_3-0.072x_4$。

从严格的统计学意义上讲，这个 Python 模型有比较大的缺陷，模型无法给出每一个
自变量的显著性指标，这样我们就无法判断在上述回归方程中的 4 个变量 x_1、x_2、x_3 和 x_4
的影响是否显著。

10.2.4　Logistic 回归

Logistic 回归是当因变量是离散型变量时的回归模型，此回归模型对自变量没有特殊
的要求，自变量无论是连续变量还是离散变量均可采用 Logistic 回归。以本书配套的源

数据文件 "二值 logistic 回归 .xlsx" 的数据为例，表 10-3 所示是这一源数据文件的部分内容。

表 10-3　Logistic 回归的源数据文件的部分内容

是否购买	年龄 / 岁	职业	体重 /kg	收入分级
0	66	3	46	1
1	45	2	60	2
1	79	1	50	3
0	65	3	50	2
0	55	4	60	3
0	58	3	43	2
1	43	2	70	1
0	45	4	56	4

从表 10-3 可以看出，"是否购买"一列的数值是 0 和 1，其中 1 表示购买，0 表示不购买；"职业"划分为几个类别，用数字表示；"收入"也以数字表示等级，数字越大，表示收入越高。所以，A 列属于二元离散变量。B 到 F 列是自变量，其中既有"职业"等离散变量，也有"年龄""体重"等连续变量。

Logit 转换是 Logistic 回归中的一个重要概念。在做 Logistic 回归时，模型会先对事件发生的概率 p 做数值转换，转换的公式为

$$\ln \frac{p}{1-p}$$

其中，p 是因变量发生的概率，如"购买"行为发生的概率。该公式也称为"优势比"（odd rate），此转换过程称为 Logit 转换。正因为 Logistic 回归存在针对研究变量的 Logit 转换过程，模型中因变量发生的概率进行了变形，所以在 Logistic 回归中，我们不太关注模型的显著性指标。

以下代码（见本书配套的代码 10-6）实现了 Logistic 回归：

```python
import pandas as pd
import numpy as np
from sklearn.linear_model.logistic import LogisticRegression
import statsmodels.api as sm
import sys
import os
import matplotlib.pyplot as plt
up=os.path.abspath(os.path.join(os.path.dirname("__file__"),os.path.pardir))
print(up)
data=pd.read_excel(up + '/' +'二值 logistic 回归 .xlsx',sheet_name=' 二值 logistic 回归 ')
print(data)
data_y=data.iloc[:,0]
data_x=data.iloc[:,1:6]
print(data_y)
print(data_x)
logit=sm.Logit(data_y,data_x)
result=logit.fit()
print(' 这里输出 result summary')
print(result.summary())# 输出结果
print(' 这里输出 conf int')
print(result.conf_int())
# 验证分类预测效果
import copy
combos=copy.deepcopy(data)# 把数据集复制一份
predict_cols=combos.columns[1:]
print('*******************************')
print('predict_cols')
print(predict_cols)
combos['intercept']=1.0
combos['predict']=result.predict(combos[predict_cols])
total = 0
hit = 0
for value in combos.values:
    predict = value[-1]
    # 实际采用结果
    admit = int(value[0])
    # 如果预测概率大于 0.5, 则表示预测被采用
    if predict > 0.5:
        total += 1
        # 表示预测命中
        if admit == 1:
            hit += 1
# 输出结果
print('Total: %d, Hit: %d, Precision: %.2f' % (total, hit, 100.0 * hit / total))
```

以下是 Logistic 回归代码的输出内容：

```
Logit Regression Results
========================================================================
Dep. Variable:                 是否购买   No. Observations:          20
Model:                         Logit    Df Residuals:              15
Method:                          MLE    Df Model:                   4
Date:                 Thu, 11 Feb 2021  Pseudo R-squ.:         0.3401
Time:                         10:40:10  Log-Likelihood:       -8.8831
converged:                        True  LL-Null:              -13.460
                                        LLR p-value:          0.05735
```

注意上面输出内容中的 Pseudo R-squ 指标该指标数值只有 0.3401，说明 R 方值只有 0.34。按照之前对于模型显著性的判断，如此高的 R 方值足以令人对 Logistic 回归结果的可靠性产生质疑。而如前所述，由于二元 Logistic 回归首先进行了 Logit 转换，所以在此不用太关注 R 方的数值高低。

再继续看代码的输出内容：

```
                  coef     std err        z       P>|z|      [0.025      0.975]
------------------------------------------------------------------------------
年龄          -0.0492       0.047    -1.037       0.300      -0.142       0.044
职业          -1.2666       0.701    -1.806       0.071      -2.641       0.108
体重           0.0233       0.037     0.635       0.526      -0.049       0.095
收入分级        2.1388       1.052     2.032       0.042       0.076       4.201
```

以上输出内容中，coef 表示回归系数，std err 表示标准误差，z 和 P>|z| 代表显著性指标，最右边的两列代表置信区间。

由于 Logit 转换，我们对于显著性的要求不高，但是我们关注 coef 系数的情况。以年龄为例，年龄的 coef 系数是 −0.0492，这表明年龄与购买的概率之间是负相关关系，年龄越大的人购买该产品的概率越低。同理，体重和收入的 coef 系数分别是 0.0233 和 2.1388，这表明体重和收入越高则购买该产品的概率越高。

再对模型的预测效果进行评估。"先分析，再输出，后评估"是 Python 机器学习模型的常见应用技巧。以下语句用于调用模型的预测功能以对模型的结果进行验证：

```
combos['predict']=result.predict(combos[predict_cols])
```

以上语句执行之后，如果预测购买行为发生的概率大于 0.5，则记为 1；如果预测购买行为发生的概率小于 0.5，则记为 0。最后汇总计算预测的准确率，也就是 hit rate，输出如下：

```
predict_cols
Index(['年龄', '职业', '体重', '收入分级'], dtype='object')
Total: 6, Hit: 5, Precision: 83.33
```

可以看到，此次二元 Logistic 回归的准确率为 83.33%。

第 11 章

分　类

　　数据分类是我们工作中常用的功能之一。先介绍一维数据的分类。如果现在有一堆球，球的大小各有不同，球的直径为 1 ～ 10cm。以球的直径为分类依据，可以将球分成三类：直径在 3cm 之下的是小球，直径为 3 ～ 7cm 的是中等号球，直径在 7cm 以上的是大球，此种分类标准就是一维分类。

　　再看二维分类的例子，以产品的销售额和销售成本两个维度来看，图 11-1 所示是二维分类示意图。

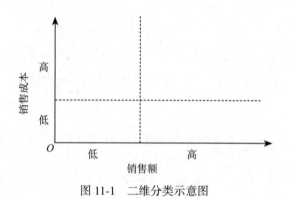

图 11-1　二维分类示意图

在图 11-1 中，按照销售额和销售成本的高低，可以将产品分为"低 - 低""低 - 高"
"高 - 低""高 - 高"四类，此种分类标准就是二维分类。

对于一维、二维数据的分类，我们通常采用 KNN 分类方法，如果数据的维度更高，
如三维、四维甚至五维，那么怎么分类呢？按照一般维度的方法和思路是不可行的。所
以，对于高维度的数据，我们采用聚类的方法对数据进行分类。聚类方法是数据挖掘中
最基础且最经典的方法之一，该方法有着重要而广泛的应用。

11.1 KNN 算法

KNN（K-Nearest Neighbor）算法的思路如下：如果一个样本在特征空间中有 K 个最
相似（即特征空间中最近）的样本，其中的大多数属于某一个类别，则该样本也属于这个
类别。该方法的不足之处是计算量较大，因为对每一个待分类的文本都要计算它到全体
已知样本的距离，才能求得它的 K 个最邻近点。

KNN 算法更适用于样本容量比较大的数据的自动分类需求，而那些样本容量较小的
数据采用这种算法容易产生误分。

KNN 算法属于无监督算法。"无监督"的英文是 unsupervised，指在模型运算中不
进行人工干预，完全依赖模型来处理数据。"无监督"一词在机器学习模型中经常会被提
及，后续介绍的聚类等模型也属于无监督模型。KNN 算法的实现代码如下所示（见本书
配套的代码 11-1 ）：

```
import numpy as np
from sklearn import datasets
from sklearn.neighbors import KNeighborsClassifier
from sklearn.model_selection import train_test_split
from sklearn import datasets
# 导入莺尾花数据并查看数据特征
iris = datasets.load_iris()
print(' 数据量 ',iris.data.shape)
# 拆分属性数据
```

```
iris_X = iris.data
# 拆分类别数据
iris_y = iris.target
# 方法一：拆分训练集和验证集，并进行预测
iris_train_X , iris_test_X, iris_train_y ,iris_test_y = train_test_split(iris_
    X, iris_y, test_size=0.2,random_state=0)
# knn = KNeighborsClassifier(n_neighbors=3)
# knn.fit(iris_train_X, iris_train_y)
# knn.predict(iris_test_X)
# 方法二：拆分训练集和验证集
np.random.seed(0)
# permutation 随机生成 0~150 的数据
indices = np.random.permutation(len(iris_y))
iris_X_train = iris_X[indices[:-30]]
iris_y_train = iris_y[indices[:-30]]
iris_X_test = iris_X[indices[-30:]]
iris_y_test = iris_y[indices[-30:]]
knn = KNeighborsClassifier()
# 提供训练集进行训练
knn.fit(iris_X_train, iris_y_train)
# 预测验证集鸢尾花类型
predict_result = knn.predict(iris_X_test)
print(' 预测结果 ',predict_result)
# 计算预测的准确率
print(' 预测准确率 '+str(knn.score(iris_X_test, iris_y_test)))
```

上述代码访问的原始数据存放在 Anaconda 的安装目录中，具体路径为 XXXXXX\
pkgs\scikit-learn-0.19.0-np113py36_0\Lib\site-packages\sklearn\datasets\data，其中 XXXXXX
是读者计算机中 Anaconda 的安装路径。数据存放的原始文件名为 iris.csv，在该 CSV 文
件中有 5 列数据，上述代码使用这 5 列数据进行 KNN 分类并且判断其准确性。

在导入 iris.csv 的数据后，代码将数据分为训练集和验证集，这种拆分方法是做数据
分析的常用方法。假设我们有 1 万条数据，一般不会采用全部数据来做分析，而是选择
其中一部分数据，然后用其他的数据来验证分析得到的结论。例如，我们采用其中 70%
的数据做分析，这 70% 的数据被称为训练集，剩余的 30% 的数据用来验证之前分析所得
到的结论，则这 30% 的数据被称为验证集。sklearn 包中的 train_test_split 方法提供了拆

分数据为训练集和验证集的方法。

在 iris_train_X , iris_test_X, iris_train_y ,iris_test_y = train_test_split(iris_X, iris_y, test_size=0.2,random_state=0) 语句中，当 random_state 参数置为 0 时，每次执行语句得到的随机数数组都会不同；当 random_state 参数置为 1 时，每次执行语句得到的随机数数组都完全相同。

np.random.permutation() 会返回一个乱序的数组，数组长度是训练集的长度。代码随后调用了 KNN 算法对数据进行分类。最后采用 knn.score(iris_X_test, iris_y_test) 方法对分类的结果进行了评估。

程序的运行结果如下：

```
数据量 (150, 4)
预测结果 [0 2 0 0 2 0 2 1 1 1 2 2 2 1 0 1 2 2 0 1 1 2 1 0 0 0 2 1 2 0]
预测准确率 0.9333333333333333
```

可以看到，本次执行的分类预测准确率约为 93%，预测准确率还是相当高的。

上述 KNN 算法缺乏分类效果可视化的实现，使得对分类结果的解读不是很直观。下面我们探讨 KNN 算法的可视化效果，代码如下（见本书配套的代码 11-2）：

```
import numpy as np
import matplotlib.pylab as plt
from sklearn.neighbors import KNeighborsClassifier
from sklearn import datasets
X,y = datasets.load_iris(True) #return_X_y=True 返回 X,y 之前返回一个字典
X = X[:,:2]
plt.scatter(X[:,0],X[:,1],c = y) # 以类别区分颜色
plt.show()
```

上述代码采用本书配套的代码 11-1 的案例文件。首先用 sklearn 包中的 datasets 方法导入 iris 文件，X 为相应的数据集，再绘制相应的散点图，并在散点图中根据类别区分颜色，图 11-2 所示是 KNN 算法的可视化效果。

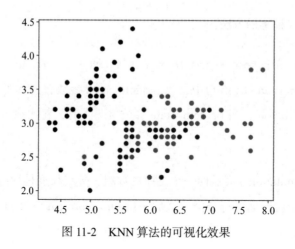

图 11-2   KNN 算法的可视化效果

11.2　聚类原理

"物以类聚，人以群分"，数据同样可以进行分类。人群的分类往往是根据人们之间的相似之处，如"同学""同事""战友"等。数据分类的原因也大致相同，数据也可以因为在多个维度上的相似性而形成相应的分类。

以源数据文件"聚类分析.xlsx"为例，该文件记录了一个啤酒饮用量调研项目的结果数据，如表 11-1 所示。该数据的属性分别是性别、年龄、学历、啤酒价格、消费场所、周饮用量，其中性别、年龄、学历反映了啤酒饮用者的基本属性，啤酒价格、消费场所、周饮用量反映了啤酒饮用者的啤酒饮用情况。

表 11-1   啤酒饮用量调研的部分数据

性别	年龄 / 岁	学历	啤酒价格	消费场所	周饮用量 /mL
2	44	4	5	4	300
1	66	1	1	1	2500
1	70	1	1	1	3000
2	20	2	4	4	300
1	22	1	3	1	3200

在"性别"字段中，数字 1 代表男，数字 2 代表女。"学历"字段的取值为 1 到 4，

随着数字的增高，其对应的学历越来越高，例如，数字 1 表示学历是高中，数字 4 表示学历为硕士及以上。"啤酒价格"字段的取值为 1 到 5，数字的增高表示饮用啤酒的价格越来越高。"消费场所"字段的取值为 1 到 4，数字的增加表示消费场所越来越高级。"周饮用量"字段的取值范围从几百毫升到几千毫升，数字的增加表示啤酒的周饮用量不断增加。

聚类模型属于无监督的数据挖掘模型，即模型一旦启动则按照自身的算法进行分类，在运行过程中不需要人为干预。

下面介绍聚类模型的原理。以上述"聚类分析 .xlsx"文件为例，该文件数据为 50 行 6 列，每列数据代表一个维度。假设将数据分成四类，首先挑选 4 个数据核，记为 A、B、C、D，假设 4 个数据核的坐标分别是 A=$\{x_1,x_2,x_3,x_4,x_5,x_6\}$、B=$\{x_1,x_2,x_3,x_4,x_5,x_6\}$、C=$\{x_1,x_2,x_3,x_4,x_5,x_6\}$、D=$\{x_1,x_2,x_3,x_4,x_5,x_6\}$。图 11-3 所示是选定了若干个核之后的聚类图。

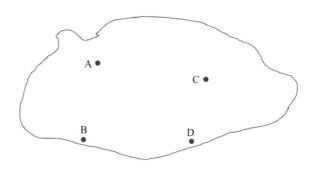

图 11-3 选定了若干个核之后的聚类图

在确定了聚类的 4 个数据核之后，计算剩下的 46 个点都与这 4 个核心点之间的空间欧几里得距离，并根据距离的大小，将 46 个数据点分配到 4 个类中去，图 11-4 所示是按照欧几里得距离得出的分类图。

在完成了第一次的聚类操作之后，模型会计算这 4 个类的新核心点，取每一个分类中所有点的坐标的算术平均数作为该分类中新核心点的坐标。例如，A 分类中有 10 个数据点，取这 10 个点的坐标的算数平均数作为 A 分类的新核心点坐标，记新核心点为 A′。其他分类也照此处理。图 11-5 所示是重新计算核心点后的分类图。

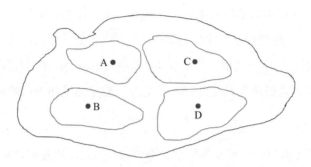

图 11-4 按照欧几里得距离得出的分类图

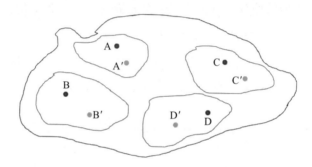

图 11-5 重新计算核心点后的分类图

如图 11-5 所示，每个分类都会形成一个新的核心点，即完成了一次迭代过程。算法会循环迭代下去，直到每一个分类中的新核心点和原来的核心点重叠为止。例如，A′ 和 A 重合，B′ 和 B 重合，此时迭代停止，聚类模型的分类就完成了。

11.3　聚类在 Python 中的实现

Python 机器学习包中的 K-means 算法可以实现数据聚类，代码如下（见本书配套的代码 11-3）：

```
# 从 Excel 文件中读出若干列数据，放到数组里面去，然后聚类
from sklearn.cluster import KMeans
from sklearn import cluster
import numpy as np
```

```
import openpyxl
from openpyxl.reader.excel import load_workbook
import sys
import os
import matplotlib.pyplot as plt
wjm="聚类分析.xlsx"
os.chdir(sys.path[0])
wk=load_workbook(filename=wjm)
sht=wk['sheet1']
a=[[0 for x in range(6)]for y in range(sht.max_row-1)]
print('现在打印空数组 a')
print(a)
for i in range(2,sht.max_row+1):
  for j in range(2,8):
    a[i-2][j-2]=sht.cell(row=i,column=j).value
#调用聚类模型
  estimator=KMeans(n_clusters=4)
res=estimator.fit_predict(a)
lable_pred=estimator.labels_
centroids=estimator.cluster_centers_
inertia=estimator.inertia_
print('群号')
print(lable_pred)
print('核心: ')
print(centroids)
print('距离平方和: ')
print(inertia)
print('输出群号并且回写 Excel 文件')
sht.cell(1,15).value='群号'
for i in range(len(a)):
  print(str(i) + " " + str(lable_pred[i]))
  sht.cell(row=i+2,column=15).value=lable_pred[i]
wk.save("聚类分析.xlsx")
print('done')
```

上述代码从 sklearn 包中导入 K-means 和 cluster 包，定义二维空数组 a，注意 a=[[0 for x in range(6)]for y in range(sht.max_row-1)]，该语句的写法很好地体现了 Python 语句简洁优美的特点。随后用二重循环将 Excel 源数据文件的数据读入到二维空数组 a。

代码调用 k-means 模型，estimator=KMeans(n_clusters=4) 语句中的数字 4 表示将数据分为 4 个类。随后输出分群后各个群的群号、群核心点，以及各数据点和群核心点之间的距离的平方和。最后将每行数据对应的分类的群号写到"聚类分析 .xlsx"文件中。

代码运行的输出结果如下：

```
群号
[0 1 1 0 1 0 0 0 0 0 1 0 0 0 0 0 1 0 1 2 1 0 0 3 0 0 1 0 1 3 0 0 1 2 0 0
 0 1 1 1 1 1 0 1 0 0 3 3 1]
核心：
[[[1.62962963e+00 3.06296296e+01 2.37037037e+00 3.92592593e+00
   3.11111111e+00 6.60370370e+02]
 [1.00000000e+00 4.09411765e+01 1.76470588e+00 2.05882353e+00
   1.58823529e+00 2.89411765e+03]
 [1.00000000e+00 2.35000000e+01 2.00000000e+00 1.00000000e+00
   1.00000000e+00 7.40000000e+03]
 [1.00000000e+00 2.27500000e+01 1.25000000e+00 1.25000000e+00
   1.50000000e+00 4.85000000e+03]]
距离平方和：
11328636.277233116
```

在上面的程序输出结果中，可以得到每行数据被分配的群号，分别为 0、1、2、3。

然后对 Python 代码运行的分类结果进行验证。图 11-6 所示是用聚类模型分类后的数据。

性别	年龄 / 岁	学历	啤酒价格	消费场所	周饮用量 /mL	群号
2	44	4	5	4	300	0
2	20	2	4	4	300	0
1	29	2	4	4	900	0
2	34	2	3	3	300	0
2	34	2	4	3	100	0
2	20	3	4	4	100	0
2	36	2	5	2	320	0

性别	年龄 / 岁	学历	啤酒价格	消费场所	周饮用量 /mL	群号
1	66	1	1	1	2500	1
1	70	1	1	1	3000	1
1	22	1	3	1	3200	1
1	18	1	2	1	3500	1
1	48	2	1	1	3000	1
1	45	1	1	1	2800	1

性别	年龄 / 岁	学历	啤酒价格	消费场所	周饮用量 /mL	群号
1	22	1	1	1	7000	2
1	25	3	1	1	7800	2

性别	年龄 / 岁	学历	啤酒价格	消费场所	周饮用量 /mL	群号
1	28	1	1	2	4000	3
1	23	2	2	2	4800	3
1	22	1	1	1	5000	3
1	18	1	1	1	5600	3

图 11-6　用聚类模型分类后的数据

从中可以看出 4 个分类的差别：群号为 0 的分类以女性为主，学历较高，饮用啤酒价格较贵，喝酒的场所也较高档，周饮用量较小；群号为 1 的分类都是男性，年龄总体偏大，学历较低，饮用啤酒价格也比较便宜，周饮用量中等；群号为 2 的分类都是男性，比较年轻，周饮用量最大；群号为 3 的分类都是男性，年纪轻，学历较低，饮用啤酒价格比较便宜，消费场所层次不高，周饮用量较大。

对"聚类分析 .xlsx"文件采用 Excel 软件中的数据透视表功能进行分析，表 11-2 所示是不同的分类在多个指标平均值方面的差异。

表 11-2　不同的分类在多个指标平均值方面的差异

行标签	平均值项：性别	平均值项：年龄	平均值项：学历	平均值项：啤酒价格	平均值项：消费场所	平均值项：周饮用量 /mL
平均值	1.63	30.63	2.37	3.93	3.11	660.37
	1	40.94	1.76	2.06	1.59	2894.12
	1	23.5	2	1	1	7400
	1	22.75	1.25	1.25	1.5	4850

可以清晰地看到各个分类在多个指标平均值上的差异。

决 策 树

决策树是机器学习中的高级工具和模型。先看一个生活中应用决策树的例子，购车者在一线城市买车会面临很多考虑和选择，以在上海买车为例，上海目前对外地牌照车限行，大多数购车者考虑到上下班通勤方便会考虑购买上海牌照，上海牌照价格目前在 9 万元左右，这一价格在国内所有城市的汽车牌照价格中遥遥领先。除了大城市的汽车牌照之外，购车者在购车时还有预算、车型（普通轿车、SUV 等）、买进口车还是合资车、品牌等方面的多种选择。

除了以上需要考虑和决策的因素之外，人们在做相关决策时还涉及决策次序的问题。对于现在上海的很多购车者来说，购买上海牌照还是外地牌照是排在第一位的决策因素，之后才是其他的决策因素。

再看两个工作中应用决策树的例子。金融行业审贷是决策树应用的最典型的例子之一，商业银行审贷时审贷员最担心的因素是还款风险，因此在审贷过程中审贷员会关注申请者的各种条件，包括年龄、性别、职业、既往贷款还款情况、之前消费记录等。据笔者了解到的情况，在商业银行关于房贷的审核中，银行审贷员最关注的因素是贷款人的职业。如果贷款人具有一份稳定的职业（如公务员、教师、医生等），房贷审批通过的概率会大大提高；如果贷款人是自由职业者，即使该贷款人其他条件不错（如银行流水情况良好等），审贷员处理此类人员的贷款也要谨慎得多。

在临床医疗和医学研究中，决策树模型也经常被采用。例如，在对于长寿人群的研究中，研究者会考虑潜在多种影响因素，如家族史、性别、居住区域、性格、生活习惯（抽烟、喝酒、喝茶、吃素）、体育锻炼、医疗条件等多个方面，那么哪个因素对长寿起到较大的决定作用呢？有研究者用决策树模型对长寿老人的各种属性和生活习惯与寿命之间的关系进行了研究，发现家族史和性格在长寿中起到了比较关键的决定作用，即长寿的人的直系亲属长寿的概率往往也比较大，而性格随和、不爱生气、不容易跟别人发生冲突等也是影响长寿的重要因素。而其他一些我们经常提及的可能对寿命有影响的因素，如空气质量、抽烟喝酒、吃素等，对是否长寿的影响并不显著。

下面来系统介绍决策树的原理。

12.1　决策树原理

决策树（Decision Tree）是一种决策分析方法。在已知各种情况发生概率的基础上，我们可以通过构建决策树来计算净现值的期望值大于等于零的概率，从而判断决策可行性。它是一种直观运用概率分析的图解法。在众多机器学习的模型中，决策树是一个预测模型，代表的是对象属性与对象值之间的映射关系。该模型使用算法 ID3、C4.5 和 C5.0 来生成树，而这些算法使用熵（entropy）来判断一条决策路径是否终结。

决策树是一种树形结构，其中每个内部节点都表示对一个属性的测试环节，每个分支都代表一个测试输出，每个叶节点都代表一种类别。

决策树是一种监督学习方法。所谓"监督学习"是什么呢？给定一堆样本，每个样本都有一组属性和一个类别，这些类别是事先确定的，而机器学习方法通过学习会得到一个分类器，这个分类器能够为新出现的对象给出正确的分类，这样的机器学习方法就被称为监督学习方法。

12.2 决策树代码解析

在正式解析决策树代码之前，需要先安装并配置相应的环境。决策树在代码运行时需要绘制并输出图形，故需要安装 PyDotPlus 和 Six 包，在本书配套的代码包里面我们附上了这两个软件安装包，这两个包需要安装在 Anaconda 环境中，安装步骤前面已经详细介绍过了，这里不再重复。

为了绘制决策树图形，也需要安装 graphviz-2.38.msi。双击该安装文件，按照提示安装即可。

接下来看相应的源数据文件（见本书配套的文件夹"决策树"下面的文件"1.txt"）：

```
1.5 50 thin
1.5 60 fat
1.6 40 thin
1.6 60 fat
1.7 60 thin
1.7 80 fat
1.8 60 thin
1.8 90 fat
1.9 70 thin
1.9 80 fat
```

以上数据中第一列是人的身高，第二列是人的体重，单位是千克，第三列表示胖瘦。在这些数据中，根据人的身高和体重来判断其胖瘦。例如，一个人身高 1.5m、体重 50kg，在该数据中这个人被判断为"thin"，也就是"瘦"；如果一个人身高 1.5m、体重 60kg，在该数据中这个人被判断为"fat"，也就是"胖"。

运用决策树模型，我们从以上数据中能分析出哪些结论呢？

❑ 决策树模型的决策机制是什么？如何从身高和体重判断出这个人的胖瘦的？
❑ 既定决策正确与否，以及既定决策的正确率是多少？

以下代码（见本书配套的代码 12-1）实现了决策树功能：

```python
import numpy as np
from sklearn import tree
from sklearn.metrics import precision_recall_curve
from sklearn.metrics import classification_report
from sklearn.model_selection import train_test_split
import pydotplus
from six import StringIO
# 数据读入
data = []
labels = []
with open("1.txt",encoding='utf-8') as ifile:
    for line in ifile:
        tokens = line.strip().split(' ')
        print(' 打印输出 tokens')
        print(tokens)
        print(tokens[:-1])
        # 把 tokens 中的浮点数加进去
        data.append([float(tk) for tk in tokens[:-1]])
        # 把最后一列文本加入 labels 中去
        labels.append(tokens[-1])
print(data)
x = np.array(data)
print('*******************************************************    x')
print(x)
labels = np.array(labels)
y = np.zeros(labels.shape)
print('*******************************************************    y')
print(y)
# 标签转换为 0/1
y[labels == 'fat'] = 1
print('*******************************************************    第二次的 y')
print(y)
# 拆分训练数据与验证数据
x_train, x_test, y_train, y_test = train_test_split(x, y, test_size=0.3)
print('*******************************************************    x_train')
print(' 训练集长度 :' + str(len(x_train)))
print(x_train)
print('*******************************************************    y_train')
print(y_train)
print('*******************************************************    x_test')
print(x_test)
print('*******************************************************    y_test')
```

```
print(y_test)
# 使用信息熵作为划分标准，对决策树进行训练
clf = tree.DecisionTreeClassifier(criterion='entropy')
print('*********************************************************  clf')
print(clf)
clf.fit(x_train, y_train)
# 把决策树结构写入文件
f = StringIO()
tree.export_graphviz(clf, out_file=f)
#with open("tree.dot", 'w') as f:
  #f = tree.export_graphviz(clf, out_file=f)
graph = pydotplus.graph_from_dot_data(f.getvalue())
graph.write_png("out.png")  # 当前文件夹中生成 out.png
# 系数反映每个特征的影响力，系数越大表示该特征在分类中起到的作用越大
print('*********************************************************
clf.feature_importances_')
print(clf.feature_importances_)
# 打印验证结果
answer = clf.predict(x_test)
print('*********************************************************  answer')
print(answer)
print('*********************************************************
np.mean(answer == y_test)')
print(np.mean(answer == y_test))
# 准确率与召回率
precision, recall, thresholds = precision_recall_curve(y_train, clf.predict(x_
    train))
answer = clf.predict_proba(x)[:, 1]
print('*********************************************************
classification_report')
print(answer)
print('*********************************************************  ')
print(classification_report(y, answer, target_names=['thin', 'fat']))
```

上述代码中，首先从 sklearn 包中导入 tree（决策树）包，再导入分类预测包 precision_recall_curve 以及 PyDotPlus 和 Six 包；随后将源数据文件的数据读入 data 数组；再进行源数据文件中的文本格式化，即将"肥胖"的标志位 fat 转化为数字 1，将"瘦"的标志位 thin 转化为数字 0；调用 train_test_split 包将源数据分为训练集和验证集，训练集和验证集的数据在源数据中的比例分别为 70% 和 30%；模型运行完毕后，再用验证集

的数据进行检验；最后绘制相关的决策树图形。程序运行的输出结果如下：

	precision	recall	f1-score	support
thin	0.71	1.00	0.83	5
fat	1.00	0.60	0.75	5
accuracy			0.80	10
macro avg	0.86	0.80	0.79	10
weighted avg	0.86	0.80	0.79	10

从上述输出结果可以看出，代码预测"瘦"的准确率为71%，预测"胖"准确率为100%。

训练集的内容如下：

```
********************************************************** x_train
训练集长度:7
[[ 1.7 60. ]
 [ 1.6 60. ]
 [ 1.9 70. ]
 [ 1.6 40. ]
 [ 1.8 60. ]
 [ 1.7 80. ]
 [ 1.5 60. ]]
********************************************************** y_train
[0. 1. 0. 0. 0. 1. 1.]
将训练集中的 0 转换为 thin，1 转换为 fat:
1.7 60. thin
1.6 60. fat
1.9 70. thin
1.6 40. thin
1.8 60. thin
1.7 80. fat
1.5 60. fat
```

图 12-1 所示是决策树模型输出的决策树图形。

图 12-1 中 X[0] 表示身高列，X[1] 表示体重列，模型对上述训练集的 7 条数据进行处理。其中第一个决策点是判断身高是否小于或等于 1.75m，如果身高大于 1.75m，则判断该人为"瘦"，此时决策熵（entropy）为 0，得出了一个确定的结论。图 12-2 所示是决策树模型中的熵。

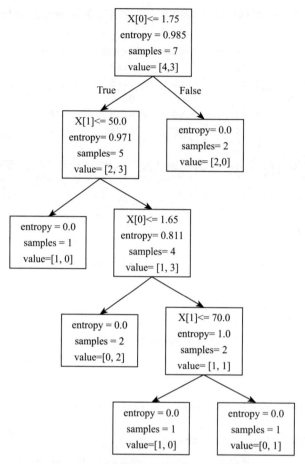

图 12-1　决策树模型输出的决策树图形

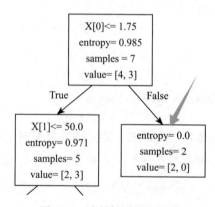

图 12-2　决策树模型中的熵

如果身高小于等于 1.75m，则胖瘦不一。经过第一个决策点的选择后，7 条训练集的数据中可以删除两条身高大于 1.75m 的数据。删除后结果如下：

```
1.7 60. thin
1.6 60. fat
1.6 40. thin
1.7 80. fat
1.5 60. fat
```

对于以上数据，第二个决策点是判断体重是否小于或等于 50kg。如果小于或等于 50kg，则为"瘦"，此时熵为 0；如果体重大于 50kg，则胖瘦不一。从训练集数据中删除体重小于或等于 50kg 的数据后，结果如下：

```
1.7 60. thin
1.6 60. fat
1.7 80. fat
1.5 60. fat
```

第三个决策点是判断身高是否小于或等于 1.65m。如果身高小于或等于 1.65m，则判断该人为"胖"，此时熵为 0；如果大于 1.65m，则胖瘦不一。删除相关的数据后，训练集数据变为：

```
1.7 60. thin
1.7 80. fat
```

第四个决策点是判断体重是否小于或等于 70kg。如果体重小于或等于 70kg，则判断该人为"瘦"，否则判断该人为"胖"。决策树图形中最下面两个节点的熵都为 0。图 12-3 所示是决策树模型中的最终决策变量和结果。

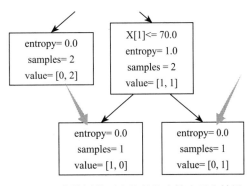

图 12-3 决策树模型中的最终决策变量和结果

关 联 分 析

　　想必很多读者都听说过"啤酒和尿布"的故事：在 20 世纪 80 年代初期，美国的一家沃尔玛超市将客户订单数据交给第三方咨询公司做分析，咨询公司的分析结论表明啤酒和尿布这两个看似关联性不强的产品被消费者同时购买的概率较高，后来经调查得知，沃尔玛的客户中有一些年轻的父亲，他们在沃尔玛超市给孩子买尿布的同时会给自己买啤酒。"啤酒和尿布"的故事成为分析消费者行为之间的关联性的典型案例，这种分析模型被定义为"关联分析"模型。

　　关联分析的应用非常多，例如，一个人在电商网站上买了一个 4 号足球（4 号足球是青少年踢的足球，成年人一般踢 5 号足球，5 号足球是标准的世界杯足球赛用球），电商网站的后台分析人员和运营人员就认为这个人大概率有一个处于青少年阶段的孩子，后续会考虑继续推荐同类产品给这个消费者，如与足球相关的足球服、球袜、护膝护踝等。

　　消费者的消费行为之间的关联性是关联分析模型的主要分析目标，这里面蕴含的前提假设是人的消费行为具有较强的稳定性。例如，一个人如果曾经喜欢围棋，则认为他在一段时间之内甚至终生都会喜欢围棋，可能也会喜欢中国象棋、国际象棋、桥牌等棋牌类运动。

13.1 关联分析原理

从大量的数据中发现消费行为间关联关系的方法被称为关联分析，在关联分析中我们会得到一些规则，这些规则被称为关联规则。关联规则是形如 "$X \rightarrow Y$" 的表达式，其中 X 和 Y 是不相交的项集，即 $X \cap Y = \varnothing$。关联规则的强度可以用它的支持度（support）和置信度（confidence）来度量。支持度可以确定给定数据集出现的频繁程度，而置信度则可以确定 Y 在包含 X 的交易中出现的频繁程度。

支持度表示 X 和 Y 同时在总数 N 中发生的概率，公式为

$$\text{support}(x, y) = \frac{N(x \cap y)}{N(ALL)}$$

置信度表示在发生 X 的同时发生 Y 的概率，即 X 和 Y 同时发生的样本数占仅 X 发生的样本数的比例，公式为

$$\text{confidence}(x \rightarrow y) = P(y \mid x) = \frac{P(x \cap y)}{P(x)}$$

提升度表示在发生 X 的条件下同时发生 Y 的概率与只发生 Y 的概率之比。提升度反映了关联规则中 X 与 Y 的相关性：提升度大于 1 且越高表明正相关性越高；提升度小于 1 且越低表明负相关性越高；提升度等于 1 表明没有相关性，即相互独立。

$$\text{lift}(x \rightarrow y) = \frac{\text{confidence}(x \rightarrow y)}{P(x)} = \frac{P(y \mid x)}{P(y)}$$

从以上描述可以看出，关联分析的过程就是求解以上三个指标的过程。不过相对于支持度和置信度指标，提升度这个指标并不是很常用。

以源数据文件 "关联分析 .xlsx" 的数据为例来说明关联分析的求解过程。表 13-1 所示是 "关联分析 .xlsx" 中的数据。

表 13-1 "关联分析 .xlsx"中的数据

A	B	C	D	E	F	A	B	C	D	E	F
5	1	2	8	1	9	10	2	1	1	1	3
2	1	7	5	8	8	3	5	3	7	1	6
2	1	9	2	10	7	1	5	3	6	2	3
2	1	1	8	3	10	10	10	8	7	1	10
2	1	5	4	9	7	3	6	5	4	9	7
2	1	7	5	6	2	3	6	5	4	9	7
2	1	3	9	3	2	3	6	5	4	9	7
2	1	3	9	6	10	3	6	5	4	9	7
2	1	7	10	8	9	3	6	5	4	9	7
5	6	10	5	4	4	3	6	5	4	9	7

如表 13-1 所示，数据为 20 行 6 列，支持度和置信度指标在 0 和 1 之间。假设求解的支持度是 0.3，置信度是 0.7，且要查找的元素同时出现的次数为 a，则

$$a \geqslant 20 \times 0.3 = 6$$

式中的 0.3 表示支持度指标。

对源文件数据进行关联分析，表 13-2 所示是其支持度的部分结果。

表 13-2　对源文件数据进行关联分析的支持度的部分结果

频次	支持度	元素 1	元素 2	元素 3	元素 4	元素 5	元素 6
11	0.55	1	2				
6	0.3	1	3				
6	0.3	1	5				
7	0.35	1	7				
6	0.3	1	10				
9	0.45	3	6				
8	0.4	3	9				
10	0.5	5	6				
10	0.5	5	7				
9	0.45	5	9				
8	0.4	6	9				
9	0.45	7	9				

（续）

频次	支持度	元素 1	元素 2	元素 3	元素 4	元素 5	元素 6
6	0.3	1	2	9			
8	0.4	3	5	6			
7	0.35	3	5	6	7		
7	0.35	3	6	9			
8	0.4	4	5	9			
7	0.35	4	5	6	9		
7	0.35	4	5	7	9		
8	0.4	5	6	7			
6	0.3	3	4	5	6	7	9

置信度的分析结果如表 13-3 所示，由于分析结果较多，表 13-3 是相关源数据的关联分析的置信度部分结果。

表 13-3　相关源数据的关联分析的置信度部分结果

频次	支持度	前项	后项	置信度	频次	支持度	前项	后项	置信度
11	0.55	1	2	0.8462	9	0.45	6	3	0.8182
11	0.55	2	1	1	10	0.5	5	6	0.7692
6	0.3	10	1	0.8571	10	0.5	6	5	0.9091
9	0.45	3	6	0.75	10	0.5	5	7	0.7692

以表 13-3 的支持度为例，两个元素 1 和 2 在"关联分析 .xlsx"中同时出现了 11 次，数据总行数是 20，因此 1 和 2 同时出现的概率是 11 ÷ 20=0.55。这个概率大于 0.3，即高于模型采用的支持度的阈值，因此元素 1 和 2 的组合 {1,2} 构成了频繁集。表 13-3 中列出了所有同时出现的概率大于 0.3 的频繁集，读者可以自行验算，不再赘述。

再看表 13-3 的置信度的结果。先解释前项和后项的概念，在频繁集的基础上寻求符合既定条件的置信度的结果，以频繁集 {1,2} 为例，该频繁集会产生两条规则。

规则 1：**1 → 2**

规则 2：**2 → 1**

规则 1 表示在一行数据中出现 1 之后再出现 2 的概率，见表 13-1 的原始数据，元素

1 在 20 行数据中出现了 13 次，在这 13 次中有 11 次也有 2 出现，所以在同一行中出现 1 后再出现 2 的条件概率是 11÷13=0.8462 > 0.7，0.7 是我们设定的置信度阈值。

再看规则 2，原始数据中数据行中每次出现 2 的时候都会出现 1，此时的条件概率是 100%，规则 2 也被列入置信度规则中。

 注意 关联分析中的置信度规则往往是比较复杂的，经常会涉及复杂的元素组合。

再看一个比较复杂的求解置信度规则的例子。以频繁集 {3,5,6,7} 为例，此频繁集可以产生 4 个维度的组合，如下所示。

- ❑ 1 维：{3}、{5}、{6}、{7}。
- ❑ 2 维：{3,5}、{3,6}、{3,7}、{5,6}、{5,7}、{6,7}。
- ❑ 3 维：{3,5,6}、{3,5,7}、{3,6,7}、{5,6,7}。
- ❑ 4 维：{3,5,6,7}。

此时置信度规则表示这些组合之间的关系，举例如下。

- ❑ 规则 1：{3} → {5,6,7}。
- ❑ 规则 2：{5,6,7} → {3}。
- ❑ 规则 3：{3,5} → {6,7}。

再次总结支持度和置信度规则产生的过程。

1）将相关的数据放在同一行上，例如，将同一个消费者购买的所有产品品类放在 Excel 文件的同一行中。

2）设定好支持度和置信度的阈值，假设支持度为 a，置信度为 b。

3）在源数据文件中挑选支持度 ≥ a 的元素组合，形成支持度规则。

4）在支持度的规则中，生成相应的"前项→后项"的规则集合，并计算相应的条件概率，挑选其中条件概率 ≥ b 的规则，形成置信度规则。

关联分析算法目前主要采用 Apriori 和 FP-growth 模型，这两个模型在互联网上都有比较详细的解释和伪代码实现，感兴趣的读者可以查询研究。

13.2 关联分析的数据预处理

关联分析的数据处理是一个比较复杂的过程，以笔者的一个培训案例为例。有一家美资企业，业务数据量比较大，假设其客户 a_1 在 2015 年 1 月向该企业购买了设备 K_1，价格为 5 万美元，经过一段时间的设备使用和磨合之后，客户 a_1 又于 2015 年 12 月向该企业购买了设备 K_2，价格是 20 万美元。表 13-4 所示是该企业订单记录表。

表 13-4 企业订单记录表

购买时间	客户	购买设备	价格 / 美元	购买时间	客户	购买设备	价格 / 美元
2015/1/1	a_1	K_1	50 000	2015/10/1	a_3	K_2	200 000
2015/12/1	a_1	K_2	200 000	2016/12/1	a_3	K_5	140 000
2017/7/1	a_1	K_3	180 000	2018/10/19	a_3	K_8	600 000
2014/1/1	a_2	K_1	50 000	2018/12/31	a_3	K_9	210 000
2015/11/17	a_2	K_3	180 000	2020/3/1	a_3	K_{15}	890 000
2017/8/23	a_2	K_5	140 000				

见表 13-4，关联分析模型无法直接对该表的数据进行处理，该表中的数据需要经过相应的格式转化，才能由关联分析模型进行处理。表 13-5 所示是经过格式转换之后的企业订单记录表。

表 13-5 格式转换之后的企业订单记录表

客户	购买设备 1	购买设备 2	购买设备 3	购买设备 4	购买设备 5	购买设备 6
a_1	K_1	K_2	K_3			
a_2	K_1	K_3	K_5			
a_3	K_2	K_5	K_8	K_9	K_{15}	

从表 13-5 可以看出，关联分析模型能处理的数据并不是按时间序列整理的原始数据，而是以客户名称为主键组织的客户购买产品列表形式的数据。并且，客户这一列可

以删除，只需要保留转换后的客户购买产品列表形式的数据即可。表 13-6 所示是删除客户名称之后的企业订单记录表。

表 13-6　删除客户名称之后的企业订单记录表

购买设备 1	购买设备 2	购买设备 3	购买设备 4	购买设备 5	购买设备 6
K_1	K_2	K_3			
K_1	K_3	K_5			
K_2	K_5	K_8	K_9	K_{15}	

表 13-4 到表 13-6 的转换过程就是关联分析数据前的预处理过程。如果要处理的数据量比较大，例如，该案例中企业的数据有数百万条，则这种规模的数据的预处理工作耗时较长，手工处理这些数据不现实，通常需要专业 IT 人员协助处理。

13.3　关联分析代码解析

Python 中采用 Orange3-Associate 包做数据的关联分析，代码如下（见本书配套的代码 13-1）：

```python
import pandas as pd
import orangecontrib.associate.fpgrowth as oaf
import sys
import os
data=pd.read_excel(sys.path[0] + '/' +'关联分析 .xlsx',sheet_name='Sheet1')
print(data)
print('********************************')
x=[]
y=[]
for i in range(data.iloc[:,0].size):
  for j in range(data.iloc[0,:].size):
    s=int(data.iloc[i,j])
    y.append(s)
  x.append(y.copy())
  y.clear()
print(' 输出 x')
print(x)
```

```
itemsets=dict(oaf.frequent_itemsets(x,0.3))
rules=oaf.association_rules(itemsets,0.7)
rules=list(rules)
print(rules)
fq=open("out.txt","w")
for i in range(len(rules)):
  fq.write(str(rules[i])+'\n')
fq.close()
def ResultDFToSave(rules):  # 根据 Orange3 关联分析生成的规则获得并返回 DataFrame 数据结
    构的函数
  returnRules = []
  for i in rules:
    temList = []
    temStr = ''
    for j in i[0]:     # 处理第一个频繁集
      temStr = temStr + str(j) + '&'
    temStr = temStr[:-1]
    temStr = temStr + ' --> '
    for j in i[1]:
      temStr = temStr + str(j) + '&'
    temStr = temStr[:-1]
    temList.append(temStr)
    temList.append(i[2])
    temList.append(i[3])
    returnRules.append(temList)
  return pd.DataFrame(returnRules,columns=(' 规则 ',' 项集出现数目 ',' 置信度 '))
dfToSave = ResultDFToSave(rules)
dfToSave.to_excel('regular.xlsx')
```

代码中，首先从 orangecontrib 包中导入 fpgrowth 方法。fpgrowth 方法是目前关联分析使用最多的一种算法。随后采用 pandas 包的 read_excel 方法将源数据文件"关联分析 .xlsx"的数据读入数据帧 data 中，并采用两重循环语句将数据帧 data 的数据读入数组 x 中。

itemsets=dict(oaf.frequent_itemsets(x.0.3)) 中的 0.3 表示关联分析的支持度阈值是 0.3，rules=oaf.association_rules(itemsets.0.7) 中的 0.7 表示关联分析中的置信度阈值是 0.7。随后程序将模型计算出来的有关规则写入文本文件 out.txt，再将相关的置信度规则写入输出文件 regular.xlsx 中。程序输出结果如下：

```
输出 x
[[5, 1, 2, 8, 1, 9], [2, 1, 7, 5, 8, 8], [2, 1, 9, 2, 10, 7], [2, 1, 1, 8, 3,
    10], [2, 1, 5, 4, 9, 7], [2, 1, 7, 5, 6, 2], [2, 1, 3, 9, 3, 2], [2, 1, 3, 9,
    6, 10], [2, 1, 7, 10, 8, 9], [5, 6, 10, 5, 4, 9], [10, 2, 1, 1, 1, 3], [3, 5,
    3, 7, 1, 6], [1, 5, 3, 6, 2, 3], [10, 10, 8, 7, 1, 10], [3, 6, 5, 4, 9, 7],
    [3, 6, 5, 4, 9, 7], [3, 6, 5, 4, 9, 7], [3, 6, 5, 4, 9, 7], [3, 6, 5, 4, 9,
    7], [3, 6, 5, 4, 9, 7]]
[(frozenset({4, 5, 6, 7, 9}), frozenset({3}), 6, 1.0), (frozenset({3, 5, 6, 7,
    9}), frozenset({4}), 6, 1.0),
```

输出内容中 frozenset 表示"频繁集"。例如,frozenset{4,5,6,7,9} 表示 {4,5,6,7,9} 是一个频繁集。

输出文件 out.txt 的内容如下:

```
(frozenset({4, 5, 6, 7, 9}), frozenset({3}), 6, 1.0)
(frozenset({3, 5, 6, 7, 9}), frozenset({4}), 6, 1.0)
(frozenset({9, 5, 6, 7}), frozenset({3, 4}), 6, 1.0)
(frozenset({3, 4, 6, 7, 9}), frozenset({5}), 6, 1.0)
(frozenset({9, 4, 6, 7}), frozenset({3, 5}), 6, 1.0)
(frozenset({9, 3, 6, 7}), frozenset({4, 5}), 6, 1.0)
(frozenset({9, 6, 7}), frozenset({3, 4, 5}), 6, 1.0)
(frozenset({3, 4, 5, 7, 9}), frozenset({6}), 6, 1.0)
(frozenset({9, 4, 5, 7}), frozenset({3, 6}), 6, 0.8571428571428571)
```

以上述输出文件中最后一条数据为例。frozenset($\{9, 4, 5, 7\}$) 表示频繁集 $\{9, 4, 5, 7\}$,此频繁集是前项,后项为 frozenset($\{3, 6\}$),前项和后项这两个频繁集同时出现的次数为 6,因为数据总行数为 20 行,这两个频繁集同时出现的概率为 0.3,正好达到支持度的阈值,前项 frozenset($\{9, 4, 5, 7\}$) 出现之后后项 frozenset($\{3, 6\}$) 也出现的条件概率约为 0.85,0.85 超过了置信度的阈值 0.7,因此这样的置信度规则被甄选出来。

再看结果文件"regular.xlsx"的内容。此文件中是置信度规则内容,除第一列规则序号外,其他三列内容分别是规则、项集出现数目、置信度。对于此文件有两种分析方式:一是按照项集出现数目的大小进行排序,二是按照置信度的大小进行排序。这两种排序方式反映了两种不同的分析思路。表 13-7 所示是关联分析输出结果中按照前后项同时出现的次数排序的置信度规则。

表 13-7　关联分析输出结果中按照前后项同时出现的次数排序的置信度规则

序号	规则	项集出现数目	置信度	序号	规则	项集出现数目	置信度
395	2 --> 1	11	1	399	6 --> 3	9	0.818 182
396	1 --> 2	11	0.846 154	400	3 --> 6	9	0.75
402	6 --> 5	10	0.909 091	332	5&6 --> 3	8	0.8
403	5 --> 6	10	0.769 231	333	3&6 --> 5	8	0.888 889
405	7 --> 5	10	0.769 231	334	6 --> 3&5	8	0.727 273
406	5 --> 7	10	0.769 231	335	3&5 --> 6	8	1

按照表 13-7 的排序方式，支持度越高，分析得到的规则参考价值就越高。表 13-8 所示是关联分析输出结果中按照置信度的大小排序的置信度规则。

表 13-8　关联分析输出结果中按照置信度大小排序的置信度规则

序号	规则	项集出现数目	置信度
395	2 --> 1	11	1
335	3&5 --> 6	8	1
358	6&7 --> 5	8	1
370	4&5 --> 9	8	1
371	4 --> 9&5	8	1
373	9&4 --> 5	8	1
398	4 --> 5	8	1
402	6 --> 5	10	0.909 091
333	3&6 --> 5	8	0.888 889
372	9&5 --> 4	8	0.888 889
216	5&6&7 --> 3	7	0.875
218	6&7 --> 3&5	7	0.875
222	3&5&6 --> 7	7	0.875

按照表 13-8 的排序方式，条件概率越高，得到的规则就越具有参考价值。

降　维

在介绍降维技术之前，先解释"维度"的概念。"维度"是我们观察事物的角度，例如，我们可以从"时间""地域""产品""生产厂家"等角度去观察业务。从具体形式上看，数据文件中的字段名可以理解为维度。

什么是降维呢？笔者在给培训学员上课的时候，经常以多胞胎的例子来解释降维。众所周知，多胞胎的相似程度是比较高的，以三胞胎为例，如果我们要了解三胞胎的相貌身材特征，有以下两种方法。

1）详细观察三胞胎中每一个人的相貌特征。
2）只观察三胞胎中的一个人即可。

方法 1 不会产生信息的失真，但是需要观察所有的样本（三胞胎）的情况，相应的成本会高一些，方法 2 相应的成本会低一些，但是因为三胞胎不可能 100% 相同，因此会有一些信息丢失。

14.1　为什么要降维

为什么要降维呢？表 14-1 所示是源文件"花 .xlsx"中的部分数据。

表 14-1　源文件"花 .xlsx"中的部分数据

枝叶长度 / cm	枝叶宽度 / cm	花瓣长度 / cm	花瓣宽度 / cm	枝叶长度 / cm	枝叶宽度 / cm	花瓣长度 / cm	花瓣宽度 / cm
5.1	3.5	1.4	0.2	4.4	2.9	1.4	0.2
4.9	3	1.4	0.2	4.9	3.1	1.5	0.1
4.7	3.2	1.3	0.2	5.4	3.7	1.5	0.2
4.6	3.1	1.5	0.2	4.8	3.4	1.6	0.2
5	3.6	1.4	0.2	4.8	3	1.4	0.1
5.4	3.9	1.7	0.4	4.3	3	1.1	0.1
4.6	3.4	1.4	0.3	5.8	4	1.2	0.2
5	3.4	1.5	0.2				

"花 .xlsx"文件中的数据有 4 列，是比较低维度的数据，处理起来还是比较方便的，读者可以以回归或者聚类模型自行练习。

表 14-2 所示是"主成分分析 .xlsx"文件中的部分数据示例。

表 14-2 中数据维度数量为 22 个，对于如此多维度的数据，处理难度较大，无论是做回归、聚类还是决策树等分析，都难以获得比较满意的结果。

手工对表 14-2 中的维度数据进行分类。表 14-3 所示是对"主成分分析 .xlsx"文件中多维度指标进行人工分类的结果。

在表 14-3 中，我们大致将表 14-2 中的指标分成三大类：第一类是和地区经济发展相关的指标，包括地区生产总值、各产业增加值、总人口数等；第二类是和地方财政相关的指标，包括地方财政预算收入 / 支出、固定资产投资总额等；第三类是和民生相关的一些指标，包括医院数、邮政局数、影剧院数、普通高等学校在校学生数、环境污染治理投资总额等指标。22 列指标此时被压缩为 3 类指标，就实现了降维。

表 14-2 "主成分分析.xlsx" 文件中的部分数据示例

城市名称	年底总人口数/万人	地区生产总值/万元	第一产业增加值/万元	第二产业增加值/万元	第三产业增加值/万元	客运量/万人	货运量/万吨	地方财政预算内收入/万元	地方财政预算内支出/万元	固定资产投资总额/万元	城乡居民储蓄年末余额/万元
北京	1213	93 533 200	1 012 600	25 094 000	67 426 600	20 040	19 895	14 926 380	16 495 023	39 665 657	91 134 935
天津	959	50 504 000	1 101 900	28 925 300	20 476 800	7104	50 462	5 404 390	6 743 262	23 886 353	31 651 700
石家庄	955	23 607 230	2 757 361	11 644 087	9 205 782	14 887	12 615	958 720	1 631 692	13 901 235	16 947 183
太原	355	12 549 447	196 389	6 427 006	5 926 052	3994	20 126	884 170	1 558 029	5 767 355	13 072 386
呼和浩特	221	11 011 331	621 414	4 155 029	6 234 888	4684	7976	579 618	1 005 133	6 098 525	5 113 839
沈阳	710	32 211 508	1 661 506	15 557 413	14 992 589	10 060	19 092	2 308 085	3 396 754	23 618 726	19 678 306
大连	578	31 306 789	2 492 933	15 355 356	13 458 500	15 446	30 373	2 679 757	3 445 728	19 307 583	18 369 933
长春	746	20 890 859	2 000 272	10 493 643	8 396 944	7468	11 134	932 951	1 815 633	13 506 330	12 020 796

表 14-3 对 "主成分分析.xlsx" 文件中多维度指标的人工分类

第一类	地区生产总值	第一产业增加值	第二产业增加值	第三产业增加值	年底总人口数	客运量	货运量	
第二类	地方财政预算内收入	地方财政预算内支出	固定资产投资总额	城乡居民储蓄年末余额	在岗职工平均工资	社会商品零售总额	货物进出口总额	
第三类	影剧院数	普通高等学校在校学生数	医院数	执业医师	邮政局数	年末固定电话用户数	年末实有公共汽车营运车辆数	环境污染治理投资总额

考虑降维的内在机理，之前提及的三胞胎降维以及表 14-2 中的多数据列降维，其关键在于三胞胎之间的相似度较高，或者同一个分类中的数据之间的关联性较高，此情况下进行降维操作的可行性较高，信息失真的比例也比较低。

将分析逻辑再延伸一步，可以采用相关分析来分析数据维度之间的相关性。如果两个数据维度之间的关系是正高相关，则可以考虑将这两个数据维度进行压缩；对于多个数据维度，也可以同理处理。

多维度数据降维的过程如下。

1）数据有较多维度，一般要求数据维度大于 4 个。
2）数据维度之间（起码是部分数据维度之间）有较高的正相关性。
3）采用相关软件和模型进行相关的降维处理。

对于上述降维过程的第 2 步，降维模型中采用 KMO-Bartlett 指标描述数据维度之间的相关性：如果该指标在 0.7 以上，则表明数据维度之间的相关性较高，比较适合做降维操作；如果该指标小于 0.7，则表示这些数据维度并不适合做降维操作。

14.2　用 Python 实现主成分分析

在统计分析和数据挖掘领域，可以用来实现降维的方法有多种，其中最常见的就是主成分分析模型。以下通过两个例子说明主成分分析模型的应用，代码如下（见本书配套的代码 14-1）：

```
import pandas as pd
from sklearn.decomposition import PCA
data = pd.read_excel(' 主成分分析 .xlsx')
data=data.iloc[:,1:24]
print(data)
pca = PCA()
pca.fit(data)
print(' 返回贡献率值 ')
print(pca.components_)
```

```
print(' 返回各个主成分的方差百分比 ')
print(pca.explained_variance_ratio_)
pca = PCA(3)   # 选取累计贡献率大于 80% 的主成分（3 个主成分）
pca.fit(data)
low_d = pca.transform(data)    # 降低维度
pd.DataFrame(low_d).to_excel(" 主成分分析结果 .xlsx")   # 保存结果
```

以上代码中，语句 from sklearn.decomposition import PCA 表示从机器学习包 sklearn 的 decomposition 降维包中导入 PCA（Principal Component Analysis，主成分分析）包，并采用 pandas 的 read_excel 方法导入源数据文件"主成分分析 .xlsx"的所有数据列。pca = PCA() 中的 pca 是一个对象，PCA() 则是主成分分析方法。随后，程序输出各个特征根的贡献值和各个主成分的方差百分比。源数据文件"主成分分析 .xlsx"有 24 个数据列，PCA 模型将这 24 列压缩为数个主成分。将多维度数据压缩为主成分的过程，我们以三胞胎的案例加以说明。

1）抽取三胞胎的各种特征并且进行量化，如脸型、耳朵、眼睛、鼻子、嘴巴、头发、皮肤、身高等。

2）先看三胞胎的脸型数据。假设三胞胎的脸型的相似程度在整体相似程度中的占比为 65%，那么我们将脸型特征抽取出来，使其构成了第一个主成分。

3）再看三胞胎的眼睛。假设三胞胎的眼睛的相似程度在整体相似程度中的占比为 12%，那么我们将眼睛这一特征抽取出来，就构成了第二个主成分，此时三胞胎中脸型和眼睛的相似程度累计为 65%+12%=77%。

4）再看三胞胎的嘴巴。假设三胞胎的嘴巴的相似程度在整体相似程度中的占比为 10%，那么我们再将嘴巴这一特征抽取出来，此时"脸型 + 眼睛 + 嘴巴"的相似程度累计为 65%+12%+10%=87%。

假设三胞胎的相似程度的主成分分析阈值为 80%，此时"脸型 + 眼睛 + 嘴巴"的相似程度累计已经超过了 80%，就不需要再继续抽取主成分进行分析了，脸型、眼睛、嘴巴就构成了三个主成分。

pca = PCA(3) 即获取分析成分中方差贡献率最大的三个主成分。表 14-4 所示是主成分分析结果文件中的部分结果数据。

表 14-4　主成分分析结果文件中的部分结果数据

	0	1	2		0	1	2
0	116 706 977.5	24 696 501	3 287 433	**6**	2 435 720.143	−3 678 525	−4 667 086
1	30 886 276.67	−9 519 090	−5 038 667	**7**	−13 042 217.05	−1 523 559	−2 963 584
2	−8 072 874.326	−142 153	−2 951 595	**8**	−8 316 298.88	1 434 525	198 047.8
3	−22 020 062.12	3 412 430	3 432 903	**9**	146 344 355.6	−7 123 419	1 646 914
4	−27 835 012.94	1 128 764	2 428 759	**10**	5 808 250.803	−2 813 313	−3 912 533
5	5 239 793.374	−1 773 521	−9 517 476				

表 14-4 中 0、1、2 三列为 PCA 模型输出的三个主成分。

以下代码（见本书配套的代码 14-2）实现了数据降维分析以及分析结果可视化：

```
import matplotlib.pyplot as plt   # 加载 Matplotlib 包用于数据的可视化 from sklearn.
  decomposition import PCA   # 加载 PCA 算法
from sklearn.datasets import load_iris
data = load_iris()
y = data.target
x = data.data
pca = PCA(n_components=2)   # 加载 PCA 算法，设置降维后的主成分数目为 2
reduced_x = pca.fit_transform(x)   # 对样本进行降维
red_x, red_y = [], []
blue_x, blue_y = [], []
green_x, green_y = [], []
for i in range(len(reduced_x)):
  if y[i] == 0:
    red_x.append(reduced_x[i][0])
    red_y.append(reduced_x[i][1])
  elif y[i] == 1:
    blue_x.append(reduced_x[i][0])
    blue_y.append(reduced_x[i][1])
  else:
    green_x.append(reduced_x[i][0])
    green_y.append(reduced_x[i][1])
# 可视化
plt.scatter(red_x, red_y, c='r', marker='x')
plt.scatter(blue_x, blue_y, c='b', marker='D')
plt.scatter(green_x, green_y, c='g', marker='.')
plt.show()
```

上述代码在 sklearn.datasets 数据集中导入源数据文件中的数据，随后用模型降维，获取方差百分比最大的两个主成分，并将获取的这两个主成分复制到相应的数组中，再绘制散点图。图 14-1 所示是主成分分析相关结果图形。

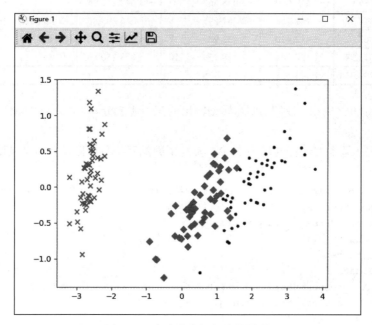

图 14-1 主成分分析相关结果图

从图 14-1 可以看出，图中不同形式的点代表不同的主成分。

对不少数据分析工作而言，主成分分析只是分析过程的开始，把数据的维度降低并不是分析的目标。高维度数据被降维之后，对降维之后的主成分可以继续使用回归或者聚类等模型进行后续分析。

通过爬虫获取数据的方法与实践

在介绍爬虫技术之前，首先谈谈笔者对爬虫的认识。在几年前，笔者刚刚做爬虫课程培训时，爬虫培训的市场需求比较旺盛，但是过了一段时间之后，爬虫培训的需求逐步减少了一些，根据笔者的了解，原因如下。

❑ 网站反爬策略应用逐步增多。很多企事业单位的网站出于数据保密或者减轻服务器访问流量等原因，开始对爬虫的访问采用反爬策略，即，一旦网站认为访问网站的主体是爬虫程序，就会选择拒绝访问或限制访问等策略。

❑ 爬虫代码稳定性不够高。爬虫代码的可用性和稳定性与所访问网站的稳定性密切相关。如果访问的网站发生了改变，就会使得已经完成调试的爬虫代码全部或者部分无法使用。

由于以上这些原因，爬虫培训的需求开始下降，笔者曾经一度将 Python 爬虫课程单独取消，但是近两年爬虫培训的需求又开始有所增长。根据笔者的不完全统计，一是不少行业的学员确实需要从网页上抓取数据；二是一些学员存在对供职企业内部网站数据抓取的需求，例如，笔者在 2021 年给某公司的员工授课时，一些员工提出对内部运营网进行爬取数据和工作计划文件下载的需求。

15.1　爬虫基本原理

对于爬虫程序，业界一直缺乏一个比较精准的定义，一般认为"用 IT 技术替代人对网站内容进行自动化抓取的程序"就是爬虫程序。爬虫程序对使用者的便利之处不言而喻。人长时间工作会疲劳，对于抓取数据这种相对比较简单、重复、机械的操作会产生厌烦情绪，工作也容易出错。但是执行爬虫程序的计算机出现上述问题的概率几乎为 0，只要计算机没有故障并且有电力保障，爬虫程序就可以一直运行。当然，爬虫程序这种几乎永不间断运行的工作方式会给被访问的网站带来大量的页面访问压力，这也是很多网站厌恶爬虫程序的主要原因。

爬虫程序如果能够正常运行，其抓取数据的效率远远高于人工抓取数据。如，用户浏览网页随后单击网页的"下一页"按钮进行翻页，此翻页动作可能需要耗时 0.5s，但是计算机操作此翻页动作估计耗时不到 0.001s。

以新浪网 www.sina.com.cn 为例，爬虫程序的工作原理如下。

1）计算机对要访问的网站发送访问指令。

2）新浪网服务器收到计算机发来的访问指令后，给出相应的回复，即将包含 HTML/CSS 等内容在内的信息返回给提出访问申请的计算机。

3）计算机收到相应的信息后，对该信息进行解析，从中剥离出想要获得的信息，并且保存分发处理。剥离的信息包括文本、数字、表格、图片、要下载的文件等。

图 15-1 所示是爬虫程序的工作原理。

图 15-1　爬虫程序的工作原理

15.2　爬虫爬取的内容

爬虫爬取的内容主要可以分为以下几类。

1）文本类。文本类主要的表现形式有两类：一是新闻报道；二是基于文本形式的各种测评，如产品或者服务评价、网民对于某一事物的看法评价等。

2）图片、视频、音频类。图片、视频、音频也是爬虫爬取的重要内容。需要注意的是，要爬取商业视频网站的内容的难度是相当大的，这些影视视频网站一定会高度重视其视频内容的加密和反爬工作。

3）数据类。数据是爬虫爬取的主要内容，从广义上讲，文本也是数据的一种。由于互联网销售的迅猛发展，企业往往非常热衷于通过爬虫来了解相关行业或者其他竞争企业在销售方面的各种数据。

15.3　爬虫实践

以下通过一些实例来说明爬虫爬取内容的过程。

15.3.1　新闻资讯类网站爬取

大多数行业都有其行业网站，这种行业网站往往内容丰富、信息量较大，企业人员往往要花费较多的时间浏览这些行业网站以获得相关信息。以有色金属行业比较有名的网页网站——长江有色金属网（https://www.ccmn.cn/）为例，该网站包括商城、资讯、数据、展会、期货等各种数据。

以该网站的资讯网页为例，该网页汇聚了有色金属的新闻、快讯、行业评论等较为丰富的内容，图 15-2 是该网站资讯页面。

以下是笔者当初为委托单位编制爬虫程序的基本思路：爬虫程序采用轮询的方式进行网页访问，即程序提供一个关键字列表，如 [" 铜 "," 铝 "," 镍 "," 冶炼 "]，并按照列表中的内容对网页进行访问。

爬虫程序根据关键字比对网页中的所有新闻标题（也可以是网页新闻中的内容），获取包含关键字的网页标题并且将其存放到目标输出文件（通常是一个 Word 文件）中。图 15-3 所示是一篇包含关键字"镍"的报道。

图 15-2　长江有色金属网资讯页面

图 15-3　包含关键字"镍"的新闻标题

本爬虫程序通过遍历该网站，实现了将包含感兴趣的关键字的新闻报道等内容存放到 Word 文件中，大量节约了人力和时间投入，提高了工作效率。

另外一个典型的资讯类网站的爬取案例是对天眼查网站信息的爬取。

天眼查网站（https://www.tianyancha.com/）是国内著名的企业信息查询网站。在我国经济飞速发展、经济规模快速扩大的今天，企业存在着强烈的对于供应商等合作伙伴进行商业背景调查的需求，天眼查、企查查等网站的成立在一定程度上满足了市场在这方面的一些需求。图 15-4 是天眼查网站的首页页面。

笔者接受的爬虫委托需求如下：委托方提供要查询的企业列表，爬虫程序根据该企业列表在天眼查网站上进行查询，除了企业法人代表、注册地址、注册资本金、主营业务等内容之外，委托方更关心企业的法律风险和经营风险。图 15-5 是天眼查网站上的法律风险等内容的页面。

爬虫程序会爬取目标企业的司法风险、经营风险等内容，并且填写到相应的输出文档中。

图 15-4　天眼查网站的首页页面

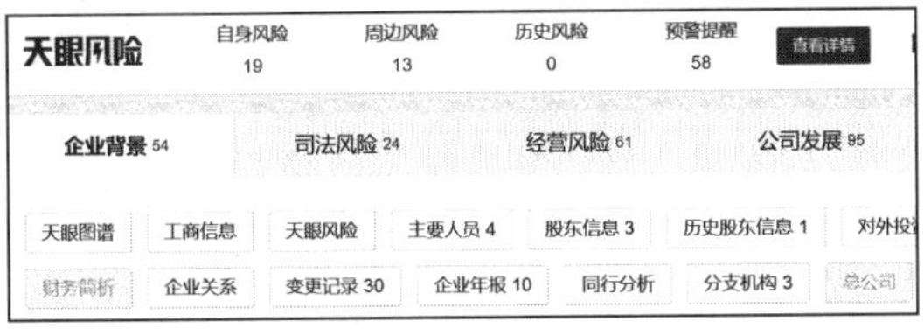

图 15-5　天眼查网站上的法律风险等内容的页面

15.3.2　图片类网站爬取

图片爬取在爬虫领域应用得比较多。以南京林业大学校园植物网（http://plants.njfu.edu.cn/）为例，进入该网页后，单击网页上方的"植物名录"标签。图 15-6 是该网站"植物名录"页面。

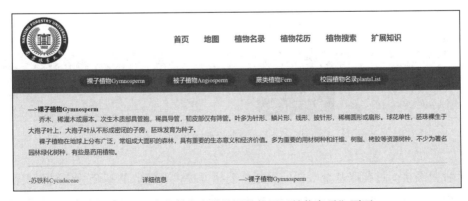

图 15-6　南京林业大学校园植物网"植物名录"页面

单击具体的植物名称后面的"详细信息",可以看到网页右边的植物图片,如图 15-7 所示。

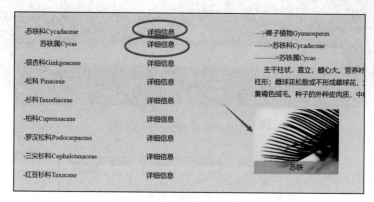

图 15-7　南京林业大学校园植物网各科植物详细信息

用爬虫程序遍历该网站,将所有的植物的名称、详细介绍、图片都爬取得到,并且将其放置到一个 Excel 输出文件中,以供后续研究分析之用。

15.3.3　金融类数据爬取

以新浪基金频道为例,不少金融方面的企业都希望从中爬取金融数据来做业务分析。以金融行业的私募企业批量下载基金历史数据为例,打开新浪网,进入基金频道(https://finance.sina.com.cn/fund/)。图 15-8 所示为新浪基金频道界面。

图 15-8　新浪基金频道界面

笔者曾经接受过爬取基金数据的委托:委托方提供要爬取的基金的代码列表,爬虫程序根据代码列表进行搜索。例如,输入基金代码 001938,得到的搜索结果见图 15-9。

图 15-9　新浪基金频道中输入基金代码后的搜索结果

图 15-9 中的基金的"历史净值"是分页显示的，分页效果见图 15-10。

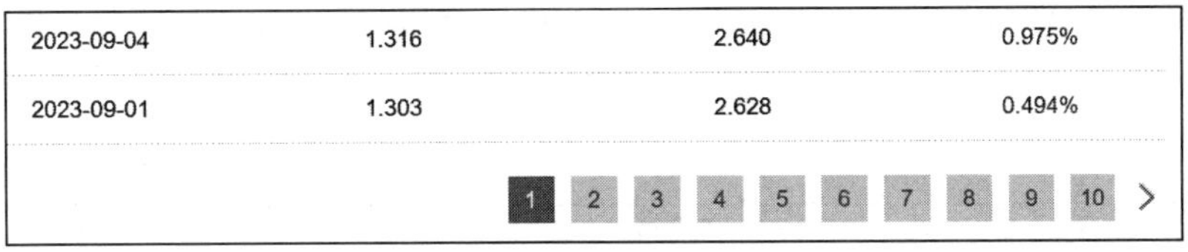

图 15-10　新浪基金频道中输入基金代码后的搜索结果的分页显示效果

爬虫程序需要搜索多页的基金历史净值并且存放到输出文件中。

15.3.4　电商类数据爬取

在诸多的爬虫需求中，热度最高的莫过于对电商类网站的爬取了，电商类网站（包括 App）包括京东系列、阿里系列、大润发、山姆、叮咚买菜等。电商类网站一般不同程度地采用了反爬措施，因此在爬取的时候需要控制爬取速度，以免被目标网站加入黑名单或者限制访问速度。

以下以京东为例说明电商类网站的爬取过程。打开京东网页，在搜索栏输入"衣架京东自营"，相关搜索结果见图 15-11。

图 15-11 中有一些搜索选项，如品牌、分类、主体材质、类别等，而委托方对于主

体材质非常关注。以主体材质中的"不锈钢"为例，图 15-12 是单击"主体材质"中的"不锈钢"后的网页显示结果。

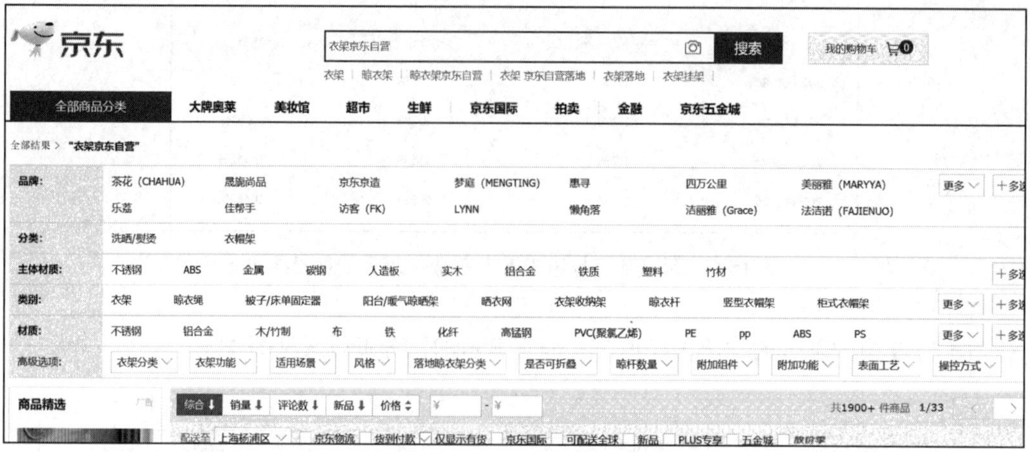

图 15-11　在京东首页输入"衣架京东自营"后的搜索结果页面

图 15-12　在京东首页输入"衣架京东自营"后再在"主体材质"中选择"不锈钢"后的结果

在图 15-12 所示的界面中遍历所有的结果（也可以设定要查询的前 n 个结果，n 是委托方确定的要查询的产品数量），委托方不仅关心每个搜索结果的价格、产品详情的内容，同时关心产品的售后评论。图 15-13 是"商品评价"界面。

图 15-13　京东网页中的"商品评价"界面

15.4　应用爬取的数据进行数据分析

爬虫是获取数据的重要手段，数据爬虫的最终目的还是完成业务数据分析，以下介绍一些采用爬虫爬取后的数据进行分析的案例。

（1）某行业对行业薪资线的数据爬取与分析

行业薪资线对于不少企业来说是重要的业务数据，也是企业制定薪资的重要的参考依据，因此不少企业人员，尤其是企业的人力资源岗相关人员，均高度重视行业薪资线数据。

以前程无忧招聘网（www.51job.com）为例，编制爬虫程序爬取在一段时间内相应的目标岗位的招聘薪资，同时抓取招聘企业名称、招聘企业所在行业、招聘企业性质（包括纯外资、中外合资、国有企业、民企等）、招聘岗位所在城市、岗位相关要求（包括学历层次、工龄要求、技能要求）等字段。表 15-1 是爬取前程无忧网的招聘数据示例。

表 15-1　爬取前程无忧网的招聘数据示例

岗位	日期	工作职能定义	企业名称	月薪 / 元	年薪发放月数 / 个	行业	要求学历	要求工龄 / 年	要求技能
Java 开发工程师	2019-7-1	1. Java 开发 2. 相关数据库开发工作 3. 工作文档编制	浙江 × × 汽车科技股份有限公司	8000 ～ 15 000	13	汽车	本科	3 ～ 5	熟练使用 Spring Cloud、Spring Boot 微服务架构

从前程无忧网上下载的数据往往并不能直接使用，需要一个评估和转换的过程。招聘信息常是一个范围，例如，月薪范围是 8000 ～ 15 000 元，一般我们采用中点转化法，取其中点，也就是用 11 500 元表示。同时，我们经常需要补充一些数据。例如，若表 15-2 中的企业所在地为温州，且需要以省为单位来分析薪资水平，就需要增加一列，列标题为"省"，内容为"浙江"。

对薪资线的绘制往往并不复杂，通常以行业、区域、学历、工龄段为维度来绘制不同的薪资线，并将本企业的薪资与相应的薪资线做比较。图 15-14 绘制了上海 IT 行业 2019 ～ 2020 年的招聘薪资线。

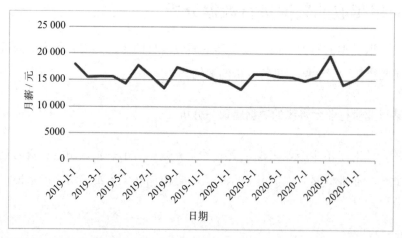

图 15-14　根据从前程无忧网爬取的数据绘制的上海 IT 行业 2019 ～ 2020 年薪资线

（2）我国县域经济数据的抓取和分析

我国地域辽阔，共计有接近 300 个地级市，超过 2800 个县，我们曾经受甲方委托对于我国县域数据进行爬取和分析。

甲方提供要爬取的我国地级市和县级市的列表，我们根据百度网（www.baidu.com）来爬取相应的指标数据，包括面积、常住人口、经济相关数据等。表 15-2 是根据百度网搜索的数据示例。

表 15-2　根据百度网搜索的部分县域经济数据示例

省	地级市	县	面积 /km²	常驻人口 /万人	生产总值 /亿元	第一产业增加值 / 亿元	第二产业增加值 / 亿元	第三产业增加值 / 亿元
江苏	苏州	张家港	999	144.76	3302.6	30.6	1671	1601

根据当时甲方的要求，我们对爬取的全国县域经济数据进行了分析和梳理，具体技术方法包括相关分析和聚类分析。例如，在对县域生产总值的贡献率分析中，我们采用区位、温度、面积等指标和县域生产总值指标进行了相关分析。分析发现，县域区位和温度对于县域生产总值的影响比较显著，我国东部和中部的县域经济发展明显好于西部；在气温方面，相对温暖的县域经济明显好于相对寒冷的县域经济；地理面积对于县域经济的贡献并不显著。采用以上数据进行聚类分析的结果与相关分析的结果相似。

（3）电商售后评论数据的词云分析

爬虫程序在爬取相关的评论之后，可以针对收集的评论进行词云分析。词云是 Python 中针对文本进行分析并且呈现的一种技术。为了使用词云功能，需要安装wordcloud 库文件。实现词云的代码如下（见本书配套的代码 15-1）：

```
import wordcloud
txt = "you memory come to an memory,but memory will last forever memory."
img_cloud = wordcloud.WordCloud(background_color="white")
img_cloud.generate(txt)
img_cloud.to_file("词云图 .png")
print("词云图已经生成")
```

以上代码对 .txt 文本的内容进行词云分析，图 15-15 是词云分析处理的结果。

图 15-15　样本文本经过词云处理后的结果

从图 15-14 可以看出，"memory"在 .txt 文本中出现的次数最高，因此在词云结果中的字体最大。对其他电商售后评论的分析可以直接套用以上代码，不再赘述。

（4）基金数据的描述统计分析

根据 15.3.3 节的内容，在爬取了基金的历史净值数据之后，可以采用描述统计的方法对基金历史净值数据进行分析。例如，进行描述统计，计算历史净值数据的四分位数，并且计算基金现在的净值在整个基金历史中所处的分位数。分析代码见本书配套的代码 6-25，不再赘述。